認識犬類安定訊號!

犬犬微語言

目錄

致謝

能促成前一本安定訊號 (calming signals) 的誕生，薇絲拉 (Vesla) 是我最需要感謝的對象，因為這隻小浪浪的到來，開啟了我撰寫的機緣。

她依舊是我感謝名單上的第一位，但這些年下來，要感謝的對象越來越多，雖說如此，我永遠都會記得名單中的每一位。有個名字越來越常地出現在我的腦海中，她是邦妮 (Bonnie)，拳師犬，我在十歲大的時候養了她，就此成為了我的摯愛。她的離去仍令我心痛不已，即便多年後也從未釋懷。當年我什麼都不懂，只想要和她膩在一起，我們完全地依賴著對方。

我從未對她下過任何指令，從不責備她，和她總是形影不離。即便到今天，我仍舊認為這是人與狗之間所能擁有最豐富、最美好的關係。如果一路走來，人狗之間的友情不再，那麼訓練和服從到底還有什麼意義呢？我從未對她下過任何指令，從不責備她，和她總是形影不離。即便到今天，我仍舊認為這是人與狗之間所

能擁有最美好的關係。如果一路走來，人狗之間的友情不再，那麼訓練和服從到底還有什麼意義呢？

繞了一圈回到原點，這些年所累積的訓練技巧我已全然放下。我曾在各式犬隻相關領域訓練及工作，從犬隻服從、追蹤，到廣告拍攝、敏捷比賽 (agility)，以及與狗共舞 (freestyle)，全都走過一遭。過去的 25 年間主要從事狗兒行為諮詢及指導，也是我最在乎的領域。我與狗兒之間的關係已回歸到了十歲的那時，現在雖已八十好幾，如今與狗兒所擁有的情誼，和多年前我與邦妮的關係如出一徹，我由衷感謝能再次體會這份珍貴。

在此獻上我最誠摯的感謝。

吐蕊 · 魯格斯 (Turid Rugaas)

25 週年版前言

打開天窗說狗話 —— 35年過去了

我與同事在 35 年前開啟了為期 2 年安定訊號的調查、觀察、拍攝，並收集資料，接著共同審視內容。在挪威哈根 (Hagan) 的某個星期天，斯朵勒很沈默，不怎麼說話，最後我不得不問他在想些什麼。他看了我一會兒，然後說：

「吐蕊，妳知道我們做了什麼嗎？」

「我不知道。」

「我們已經『破解了密碼』。」

我們就這麼沈默地坐了會兒，心裡各自琢磨著，這些年來我們所做的一切，以及所發現的事情，都讓我們覺得有些措手不及。

但事實也證明，這只是一切的開端。25 年過去了——25 年來累積了大量的觀察及實證，值得一提的還有安定訊號這本暢銷書，翻譯成二十多國的語言、出版了影片、多張 DVD，在世界各地開辦講座、研討會、參加會議、培訓訓練師。

最讓我感到欣慰的，是安定訊號的概念散播到了全世界。一開始沒人知道我們在說些什麼，今天幾乎人人都聽說過「安定訊號」。事實上，就在不久前我收到了一封信，信中詢問我是否聽說過安定訊號，那是當然呀。我會心一笑，因為這封信證明了我們確實已將資訊傳到飼主手上了，而且他們甚至已經不知道這個概念是誰發現的。

早年在推廣的時候，安定訊號的概念尤其受到訓練師和其他狗兒專業人士的譏諷及嘲弄，他們時不時威脅要揍人，或把我們打成肉醬，還曾咄咄逼人地把拳頭抵在我眼前。這些反應大得有些出乎意料，但過了一段時間就緩下來了，大家開始親身見證安定訊號，在讀了這本書之後，親眼目睹了他們的狗兒如何在同類及與飼主之間運用他們的語言溝通，「眼見為憑」最終成功說服了眾人。

過了這麼長一段時間，是時候看看在前一本書出版後，以及我們當年的觀察之後，又發生了哪些事情。安定訊號的概念現在廣為人知，顯然是好事一樁。可惜的是，仍然有許多人對它有所誤解，也不知如何運用。為了回應常見問題，我決定開啟一本安定訊號的續集，為經常出現的疑問提供解答。

至於我，在過去的 25 年間學到了很多東西，對事物的看法也略有不同。值得一提的是我們當時所堅信的事情，現在已經徹底獲得證實，不僅讓我對自己的信念充滿信心，也更加堅定了我的主張，狗兒的確具備、也會運用他們的語言。正因如此，早期的資料多數都會在這次 25 週年版當中保留下來。這些年來，我有幸觀察了數千隻狗兒，找不到任何理由能夠去懷疑狗兒確實使用著自己的語言，在了解這點之後，有助於我們與狗兒之間的日常互動。

毫無疑問，若有人願意相信，狗兒的確具備溝通的能力。了解狗兒的語言，包括安定訊號及遠離訊號 (distancing signals)，是了解狗兒的關鍵，也是與他們共同生活、做事，啟用並合作的基本要件——換句話說，就是與他們共享生活。

第一本書至今已經有些年頭，不會再版，但是當時所寫的內容與今日同樣真切，所以第一本書的內容也收錄在此書當中。我另外還新增了一個章節，專門回答從當時到現在出現的所有提問。

回答當中也透露了我部分的個人經歷，以及這些經歷所帶來的變化。其中最重要的，是我在那接下來的幾年之間所做的所有觀察。

簡單來說，過去 32 年來，每年我親自參與大約 500 隻到 1,200 隻狗的訓練，頭幾年每年接觸 500 到 600 隻，過去 20 年來每年則有 800 到 1,200 隻，總數大約落在 25,000 隻到 30,000 隻之間不等。

除此之外，無論處於何時何地何境，我隨時在觀察眼前的狗兒。就拿昨天來說好了，是再平凡不過的一天，我就記錄了 17 隻狗兒，觀察並留心狗兒在飼主拉著他們走的時候、被留在了奇怪的地方的時候、一路給拖著前行且毫無機會調查任何事物的時候、飼主輕拍他們或告訴他們不可以的時候，以及和人狗一起玩的時候，他們到底是如何移動、表現，以及展現出了什麼樣的安定訊號——簡而言之，我觀察了在各式情況下的狗兒。

假設每天平均觀察 17 隻狗兒，那麼 25 年下來，觀察總數大約落在 154,000 隻。看起來好像只是數字的堆疊，但是對於像我一樣對工作充滿好奇心及興趣的人來說，這些觀察深具價值，我得以從中學習。

觀察並細究自家狗兒是一切的開端，因為知識由此而生。

此外，大家必須學會相信自己看到的東西，以及你的狗兒告訴你的事情，狗兒不會說謊，請一定要謹記在心，他們說的話是有意義的，這可能是狗兒與人類之間最大的差別。

狗兒不會說謊。

吐蕊 · 魯格斯

挪威，哈根 2021 年 7 月 21 日

狗兒不會說謊

他們說的話是有意義的

Dogs don't lie.

Always bear in mind that what a dog says has meaning.

導論

大型伯瑞犬 (Briad) 來勢洶洶，正對著一隻小挪威獵麋犬 (Norwegian elkhound) 吼叫並發動攻擊。獵麋犬立刻止步，靜靜地把頭撇向一側，伯瑞犬在離她幾英寸的地方停了下來，看似不知道該如何是好，接著他開始四處找事做，好像剛才什麼都沒發生過一樣。他在附近聞了一下，看也沒看她一眼，就回去了飼主身邊。事件發生地點是在我的訓練場，伯瑞犬來這裡學習如何與其他狗兒處得好些，獵麋犬是我家的寶貝薇絲拉，當年 13 歲。

薇絲拉很久以前就過世了，去了她快樂的天堂狩獵場。不過多年來，在我協助解決狗與狗之間的問題的時候，她是我最厲害、最有效率的助手。薇絲拉永遠知道該怎麼做，無論其他狗兒是否具攻擊行為、會不會感到害怕焦慮，或者只是有些愛以大欺小，她都有辦法讓他們平靜下來。在這 11 年間，沒有任何一隻狗兒能夠動搖她的沉著自若。她精通生存之道，具備所有能化解衝突、在狗群中相處的溝通技巧。

但是薇絲拉並非向來都是如此，當她初到我們家的時候還是隻流浪狗，落難街頭幾週之後給帶進了收容所，沒有人知道她是誰家的狗兒。我們收留她是為了幫她找到新家，沒有養她的打算，主要是因為她的出現讓我家的狗兒相當不安，她攻擊和暴躁的行為讓他們焦慮又惶恐，又是吵架，又是打架，她焦躁不堪又不可理喻，在那當下我真的沒法花心思在她身上。但始終沒人願意領養薇絲拉，出於無奈，我們決定留下她，幫助她融入家中人狗的艱辛過程也就此開始。

那段時期真的充滿試煉，說實話，她絕對是我養過最棘手的狗兒。但隨時間過去，情況一步步開始好轉，她不再攀爬窗簾和掛毯，我不用繼續在室內幫她上牽繩來保護其他狗狗，她可以加入我們一起散步，不再頻繁地去咬其他的狗兒，偶爾甚至也能夠放鬆心情。

她到我家生活 9 個月之後，出現了關鍵性的突破。有天當我坐在院子裡看著狗兒，找尋新想法、探尋新作法的時候，驚訝地發現薇絲拉已經開始跟其他狗兒溝通了。他們成功利用訊號和行為與她對話，薇絲拉看起來就像剛收到了一份聖誕禮物，滿心歡喜

地奔來跑去，體驗著她最新發現的生活要件。

既然她正在恢復她的狗兒語言，我開始應用熟知的訓練方法：讚美並獎勵朝著正確方向發展的每一步。當她每次展現出類似於安定訊號的動作，或是其他形式的禮貌行為的時候，都會獲得口頭獎勵，她的進步也日益增長。

35年後的今天，我知道當年若不是因為大量使用讚美害她分心，她的進步可能還會更快。這就是獎勵造成的實際影響，無論是話語、零食，或是其他形式的獎勵，都會讓狗兒分心，反而讓原本希望他們專注或學習的重點失焦。我現在明白，薇絲拉學習到最寶貴的一課，是由我家其他的狗兒教她的，在很短的時間內，她簡直是奇蹟般地成為社會化的狗兒。

短短幾個月內，所有的攻擊性行為都消失了，從那時候開始，一直到11年後她過世，中間她從未與任何狗兒發生衝突。她總是能掌控局勢，自信而安全地應對各種情況。

薇絲拉的例子足以讓我意識到，狗兒可能出於某些原因，忘了如何使用狗語，要再次教導他們重新學習是絕對可行的。我開始產生興趣，更進一步地觀察狗兒所擁有的這套溝通系統，並應用在有行為問題的狗兒身上，分析他們是否得以在社交環境中更加順利地溝通。身為一名訓練師，我從事眾多其他類型的訓練，不過以各方面來看，研究此溝通系統儼然已成為我的生活方式及主要任務。我從薇絲拉身上所學到的知識豐富了我的生活，使我更加了解狗兒，也更能體會他們的感受，因而可以提供更適切的協助，很多時候我的確感到自己在與狗兒對話。

緊接在這些發現之後，我與我的一位同事，斯朵勒．厄德高(Ståle Ødegaard)，共同開啟了一項關於狗兒安定訊號的計畫。在計畫開始後的一兩年間，我們訓練並觀察狗兒，斯朵勒錄製了大量的影片，我們製作投影片，累積了大量資料，足以讓我們製作要去數個組織發表的成果。後來斯朵勒因為需要更多時間來照顧家庭，不得不退出計畫。

剛好在這段時期，我開始受到國外訓練師的矚目，我倆先前整理的發表內容翻成了英文，多數皆是來自投影片的資料。從那時起，這些投影片的內容散布到了世界各地，大家好像看不膩似的，儘管我也做了其他講題，大家最感興趣的依舊是安定訊號系列。

我要感謝薇斯拉教會我的一切，因為這些事情改變了我的人生。我也要向斯朵勒致謝——沒有他，就不可能有投影片，沒有他錄製的影片，整個計畫便永遠無法啟動。從本質上來看，我與斯朵勒可能只是仿效了狗兒的過人之處，也就是與夥伴合作無間，運用溝通來處理問題。

不久之後，我的書也出了英文版，隨後是挪威文版，接著是世界多國語言版本，包括西班牙文、義大利文、希臘文、日文、中文，以及其他各國語言，現在你正在讀的是 25 週年的版本。

安定訊號
——狗兒的生命保障

在狼隻的相關文獻中，有眾多關於他們肢體語言的描述，稱為中斷訊號 (cut-off signals)，因為觀察者留意到這些訊號能阻撓攻擊。此類訊號多年來眾所周知，也在一些書籍中出現過。但是撰寫上述書籍的幾位作者，似乎並不認為狗兒具備相同的能力，能夠和狼一樣按捺下彼此的攻擊性 (請參閱麥克 · 福克斯：《狼、狗兒及相關犬科動物的行為》。Michael Fox: Behaviour of Wolves, Dogs and related Canids，暫譯)——但看看他們錯得有多離譜。在避免衝突方面，狗兒具備著與狼相同的社交技能，觀察狗兒的人可能沒見過此類訊號，那是因為狼在表達的時候相當直接又強烈。家養狗兒的表達也一樣非常明確又直接，只是使用的語言更加細微——如果說狼在表達時用的是大寫字母，狗兒們就是小寫了。除此之外，尤其是在還未熟悉訊號之前，需要加強練習才能看見這些細微的訊號。

斯朵勒·厄德高與我開始著手研究時，我們把觀察到的訊號稱為安定訊號。若稱「阻止」訊號 (stopping signals) 的話不太正確，因為一般來說，狗兒早在有任何需要阻止的事件出現之前，就已經開始發出訊號。安定訊號純粹以預防為目的，確保連衝突都不會出現，狗兒經常提早使用訊號來預防任何壞事的發生。舉例來說，一隻狗兒進門的時候發現家裡還有其他人或狗，他馬上展現了第一個訊號來表達他的友善，說明他無意挑起衝突。如果你與家中的狗狗一起出去散步，而另一隻狗或人在人行道上朝你們走來，狗兒就會發出頭一個訊號，向接近的人或狗表明他充滿善意。

早在衝突出現以前，狗兒就會預防性地發出訊號，防止衝突的產生，目的是避免威脅及問題，平息壓力與不安、緊張、嘈雜的噪音和其他不愉快的事情所帶來的感受，這些訊號同時也可以用來平靜自身。當一隻狗兒坐在門邊興高采烈地期待散步時，經常會打哈欠好安定自己。這些訊號為的是讓雙方都更有安全感，好比我的米克斯狗兒莎加 (Saga)，在面對那些很怕狗的小孩，或是頭一次參加訓練課程惶惶不安的幼犬們，她都會做出安定訊號。

狗兒是解決衝突的群居動物，當我們與自家的狗兒發生衝突的時候，我們需要檢視自身以尋求原因，通常八九不離十，都是人類的錯。狗兒若擁有正常的機會，在其他狗狗的陪伴下發展語言，通常他們的社交狀態良好，能展現解決衝突的能力。若他們看似失去了這套重要溝通系統中的某些部分，通常都是因為曾在試圖安定彼此的時候遭到懲罰，使得他們再也不敢使用訊號。有時他們可能會因為來自其他狗兒的欺凌與攻擊而喪失了語言，也許是遇上了具攻擊性及暴力的狗兒，儘管他們發出了各種安定訊號，但還是遭到了攻擊。

顯而易見的是，只要狗兒仍擁有部分的語言及社交技能，就會試圖避免衝突。我們將深入探討這些訊號——訊號究竟是什麼、該如何使用，以及何時使用。一旦你能讀懂訊號，就能更輕易理解你家狗兒想對你說的事，以及他嘗試向周遭事物傳遞的訊息。對家中狗兒來說，你會成為更加優秀的訓練師，更為稱職的父母。開始觀察訊號吧——我確信你的生活會因此而豐富，因為我早已深刻體會過。一旦開始留心找尋安定訊號，你會發現再也停不下來。觀察狗兒在說些什麼儼然成為一種生活方式，無論是面對你自己的狗兒還是偶遇的狗都是如此。

狗兒在清醒時不斷使用語言及訊號，並對周遭最輕微的事件做出反應。就拿隨便一個平日當例子好了，你醒來時覺得有些煩躁，狗兒跳來跳去想尋求關注，你嚴厲地回應他，他試圖藉由撇頭、舔舔鼻頭，或是類似的方式來安撫你的情緒。你準備散步，狗兒在門邊跳來跳去，吵鬧不休，你用非常粗暴的聲音命令他坐下，他的反應是舔舌、打哈欠，或是轉過身靜靜地坐著，直到你不再暴躁。

你倆一起散步的時候，狗兒想調查他感興趣的某樣東西，你卻狂拉猛拽——狗兒會展現安定訊號，希望你能對他好一些。一隻狗狗出現在前方，你的狗兒放慢速度、轉身，也許趴下並嗅聞地面，為的是向對方表達他有多麼友善。一位女士追著公車跑，直直朝著你及狗兒的方向奔來，按照狗兒的語言來看，這是非常不禮貌的行為，你的狗兒很快做出了反應，他向一旁走去、嗅聞、背向女士，或做出其他安定訊號。

我們可以像這樣繼續講一整天，描述一隻狗兒所有好與壞的經驗。狗兒之間會相互回應，也會回應我們，而當狗兒發出訊號時，就會期待獲得回應，就好比我們可能會向某人打招呼，但如果那人只是徑直走過而不回應，我們會覺得很受冒犯。當你接近狗兒、俯身前傾、圈住他、擁抱他、用憤怒的聲音對他說話時，我們的行為及聲音就充滿支配的權威 (dominant)。當我們過分激動、奔來跑去、大聲喊叫、當家人爭執吼叫、當孩子們玩過頭、當狗兒需要安靜我們卻沒給他一絲平靜時——以及在許多其他的情況下，你會看到狗兒發出訊號，為的是讓你冷靜下來，降低你的侵略性，減少過度激動的行為或其他，一切都取決於當下的情況。

有時候訊號來得又小又快，很難察覺。當然也有些時候訊號會持續好幾秒鐘，讓人有機會知道正在發生什麼事。透過練習，你可以更容易看見這些微小的、閃電般快速的舔舌或頭部轉動的動作。只需要一點訓練，就能幫助你知道要觀察些什麼。

誰擁有安定訊號

早在一萬五千年前，狗兒的祖先在自然淘汰的過程中發展出安定訊號，因為訊號對群體的生存至關重要。若群體中的成員不斷打架，或老想除去對方，此一群體就無法存活。我們的狗兒承繼了相同的訊號套組，全世界所有的狗兒都具備安定訊號，不論他們是何犬種、體型大小、毛色或身形為何，訊號確實是共通語言。這表示來自世界各地的狗兒在相遇的時候都能相互溝通，也代表當你在其他國家遇到狗兒的時候可以與他們溝通。當你從澳洲或非洲帶回一隻狗兒時，你清楚知道這隻狗兒與家中的狗兒能夠相互理解，真的像魔法般神奇！

某些犬種運用某些訊號的頻率較高，這是因為他們的外觀特別適合應用特定的訊號。舉個簡單的例子，比方一隻臉上毛髮豐厚的狗兒，對他來說，利用舔舔鼻頭或是撇頭的動作來溝通，會比

他使用眼睛來表達更為容易，而眼睛是許多其他犬種所使用的方法。話雖如此，他們仍然能理解其他狗兒及犬種所使用的訊號。舉例來說，一隻狗兒可能突然停住然後站著不動，別過頭舔了舔鼻頭，而朝他走來的狗兒會繞弧線，慢慢地移動，嗅聞地面，並確保與對方維持側身相對。如果有第三隻狗兒在場，他可能會打哈欠或趴下，而第四隻狗兒可能會叼起一根樹枝跑來跑去。

每隻狗兒的表達方式可能有所不同，但仍能相互理解，因為他們擁有自己的語言系統，是由逆境中生存下來的祖先那兒所承繼的技能。除此之外，他們必須維持群體內的平和及穩定，才能把精力花在狩獵與覓食上頭，而非浪費在無用且又具破壞性的爭吵。

狗兒的語言範疇還包含了我們稱之為遠離(威脅)訊號等表達，例如露牙、低吼、吠叫，以及猛然跳起，這些動作的目的是為了讓引發不安的對象保持距離，或嚇走他們。狗兒認為怒氣及攻擊性深具威脅，也就是當我們筆直朝他們走去、在他們頭上俯身、直盯著他們看，以及緊抱住他們的種種行為。一般來說，除非威脅突然出現，好比當孩子絆了一跤，摔倒在睡夢中的狗兒身上，狗兒才會出現更進一步的訊號，否則一開始定會先嘗試安撫彼此的情緒。

我們在討論的安定訊號有哪些呢？據我們所知有 29 種左右，當中有部分訊號具雙重作用，在某些情況下，除了安定之外還有其他效用。有些訊號來去快如閃電，有些則會停留得久一些。如同前面所提到的，要能察覺所有訊號是需要時間和經驗的累積，但所投入的時間及精力絕對值得，因為你開始能夠讀懂狗兒的感受，知道何時必須介入阻止，幫助狗兒擺脫困境，為他們做得更多。

正如一位學生曾對我說過：「我的家人之所以變得如此融洽，是因為我們不想要因為彼此間無止盡的爭端而令狗兒感到不安，我們從未有過如此平靜愉快的家庭生活。」

看來能夠理解狗兒的語言，可以帶來各式不同的結果！

如何辨識及運用安定訊號

就讓我們來看看有哪些安定訊號，以及它們的表現形式。

撇頭 TURNING THE HEAD

此訊號可以是快速的動作，狗兒先把他的頭轉向一側，再轉向另一側；或是轉向一側並維持一段時間。有時候撇頭的動作非常細微，有時則是非常誇張地撇向一邊，完全取決於狗兒本身以及當下所涉及的情況。當另一隻狗接近時，你的狗兒可以運用撇頭的訊號溝通，也許是對方來得有些太快或太直接，又或是他可能展現了安定訊號，促使你的狗兒必須做出回應。當你在狗兒上方俯身、身體朝他前傾、當你緊抱狗兒把他們給抬起

來、當你拍拍他外側的腰腹，還有許多其他類似的情況，也都會讓你的狗兒撇頭。當他撇頭時，可能同時站著不動，這已經足以告訴你，他對於自己所處的境況感到不適。

這是一個你自己可以善加利用的訊號，在接近狗兒的時候，若他看似不安，或是出現了安定訊號，你能夠以撇頭來回應。當狗兒突然發現自己和你一同困在了不舒服的情境，他可能會吠叫或低吼，這時請把你的頭撇向一邊，他會懂的，這動作代表著你不會對他造成威脅。

當兩隻狗兒相遇時，你常會看到他們在靠近並互相打招呼之前，都會撇過頭看向一側，一次或數次——當然，並非撇完頭就能夠就此敞開心房，但彼此肯定是更能信賴對方了。當你拿出相機嘗試想拍攝狗兒的正面照，你一定會看到他把頭撇向一側——狗兒必須讓相機平靜下來。

有時狗兒幾乎沒有撇頭，取而代之的是他的眼睛左右轉動。例如，當你緊緊地抱著你的狗兒時，他無法轉頭。有時候狗兒僅使用眼睛做安定訊號，是因為他認為當下面臨的威脅甚鉅，所以寧可先僵住不動——可能是坐姿、趴姿或站姿。在這樣的情況下，狗兒可能不僅僅只是左右轉動眼球，眨眼也會眨得非常明顯。有時他也會只眨眼，完全不轉動眼球。

你可以試著使用這些安定的技巧，也許出於某些原因你可能無法轉動頭部，或是像我有時會遇到的情況是眼前的狗兒處於防禦狀態，光是撇頭就會收到充滿威脅的低吼，那麼當下眨眼就會是一個有效的選項。

EXAMPLE

我的牧羊犬烏拉 (Ulla) 擅長閱讀其他狗兒所發出的微小視覺訊號，好幾次有看似深具威脅且咄咄逼人的公狗直直朝著烏拉走來，通常她會想先上前「確認」對方，但她卻友善地向對方搖了搖尾巴，這是因為對方在走過來的同時狂眨眼睛，或是雙目左右轉動，她才允許他們直直走來，而不是以更加自然繞弧線的方式靠近，烏拉僅需仰賴對方雙眼發出的小小訊號來幫助她正確評估當下情況。

眼睛的運用 USE OF THE EYES

眼睛的訊號也能以我們稱之為調整式目光來展現，好比垂下視線，當狗兒柔化注視的時候就不會直盯著對方看，這是你可以在自家狗兒身上觀察到的。無論是坐著或站著，不要讓自己與狗兒的視線處在同一個平面，因為直視對他們來說太過直接且深具威脅。舉例來說，一旦你起身站直，低下頭看狗兒的時候，視線的角度會因此不同，變得更加柔和。

同理可證，抱起你的狗兒強迫他直視你的雙眼，或是讓他站在桌上幫他梳毛或檢查，都會令狗兒感到不適。切勿直視狗兒，好好運用書中所提到的技巧。直視的情況下，狗狗會做很多撇頭、眨眼、眼珠子左右轉動以及其他訊號。

請留心狗兒對你說的話，並尊重狗兒不喜歡長時間眼神接觸的事實，他們將其視為威脅，所以我們不該這麼做，也不應刻意去訓練。刻意訓練的風險在於有些狗兒學會了之後，就拿去用在其他狗狗身上，最終結果是教出一隻因為訓練而屏棄自身語言的狗兒。

轉身 TURNING AWAY

身體側對或是將臀部轉向另一隻狗兒是效果相當顯著的安定訊號，狗兒通常會先使用其他訊號，如果成效不彰，他們才會嘗試轉身訊號。狗兒在某些事情突然、毫無預警或是過快出現的時候也常常會轉身以對，畢竟預防勝於治療。

你的狗兒會在很多情況下使用轉身訊號，例如當另一隻狗兒跑近得太快又太突然、當你生氣還一副凶神惡煞的模樣，或是你憤怒地接近他，明顯是要懲罰或斥責他的時候，他都可能轉身。當幼犬惹惱成犬時，成犬經常會使用轉身訊號。當你猛扯牽繩大聲斥責你的狗兒時，他會轉至側身來面對你，好幫你冷靜下來。狗兒並非使用這些訊號來展現主導地位或領導角色——他在做的是盡最大努力避免衝突。

你可以運用這項訊號來安撫自己或其他人的狗兒，如果一隻狗兒明顯在你出現的時候感到緊張，請你轉身。如果狗兒覺得你具威脅性而露牙、低吼及吠叫，請你轉身。若狗狗高興又興奮地對你撲跳，也請你轉身，他很快就會停止撲跳。

EXAMPLE

朱利葉斯 (Julius) 先是撇過頭，接著身體側對，最後轉身背對了一隻過度興奮的母德國牧羊犬 (Alasatian)。一開始使用的訊號無效，朱利葉斯逐步採取更強烈的訊號，當他最後背對的時候，她就停下動作了。

EXAMPLE

吉諾 (Gino) 不喜歡小男孩，因為他們時不時會戲弄他。飼主便教了街上的男孩們轉身背對吉諾，過了一會兒，吉諾朝他們走去，想交個朋友。
(我有好多例子可以用，因為我幾乎天天都會看到)

如果你的狗兒蹦蹦跳跳過度激動，請轉身背對他。如果你遇到另一隻狗兒，發現他焦慮又膽怯，也請你轉過身去。如果狗兒把你當空氣，常常是因為你讓他感到不自在。毋需挖空心思來讓狗兒靠近你，只要把目光移開、轉過身去，狗兒就會來找你。

舔鼻子 LICKING THE NOSE

狗兒的舌頭快速地舔向自己，通常是朝著鼻頭，但也時有例外。舔舌的速度通常很快，除非你老盯著你的狗兒看，否則很難察覺。狗兒在彼此碰面時經常使用舔舌訊號，尤其是在對方愈趨靠近的時候。當你傾前彎身、抓住狗兒、對他大發雷霆、緊抱住他，以及在許多其他情境之下，狗兒會大量地使用舔舌訊號。部分狗兒使用得較為頻繁，但所有的狗兒都明白舔舌的意義。你自己或許就能適度地運用這項訊號，好比舔舔嘴部的周圍，當然這個方式有時也不見得有效。

EXAMPLE

我俯身前傾去清潔薇斯拉的耳朵，她移開視線，舔舔鼻頭。為了清乾淨她的耳朵，我稍微移動了位置，換成她不那麼害怕的姿勢。

EXAMPLE

洛基 (Rocky) 看到另一隻狗兒從遠方靠近，他先停了下來，接著別過頭，舔了幾次舌頭。

EXAMPLE

獸醫彎下腰把烏拉抱到診療台上，烏拉舔了舔鼻。

如果你從狗兒的後方朝他前傾，就不容易看到他快速又微小的舔舌動作，但只要你堅持繼續練習，無論他的動作有多快，你很快就能觀察到。

僵住不動 FREEZING

無論狗兒是站姿、坐姿或趴姿，都有可能僵住不動，維持靜止直到警報解除。兩隻公狗在相遇時的互動非常謹慎，為的是減少發生衝突的機率。通常他們會移動得很慢，接著僵住不動，直到其中一方開始移動為止。

> EXAMPLE
>
> 羅瑞 (Lorry)，一隻小型惠比特犬 (whippet) 遇上了一隻公的大型德國牧羊犬，羅瑞完全僵住不動，直到對方打完招呼並離開，羅瑞這時才又動了起來。

當你用生氣或兇狠的方式要狗兒回到你身邊，你會發現狗兒就坐或趴在那兒如如不動，好像根本沒聽到你在說話一樣。再次強調，狗兒完全不是想要騎到你頭上或是他的個性頑固——他是試圖想要平息你的暴戾之氣，請別再那樣咄咄逼狗了！試試另一種方法，記得保持友善，先走開，不要做出威迫的行為，你的狗兒就會來找你。

EXAMPLE

一位對比賽非常熱衷的人買了隻幼犬，想要帶他去比賽。飼主以獲勝為前提來訓練他，過程涉及大量的矯正訓導。有天飼主正要訓練召回，狗兒卻只是坐在那兒，頭撇向一側，動也不動。不幸的是這個訊號遭到誤解，幼犬就因為沒有乖乖服從而受到懲罰。

EXAMPLE

另一個例子發生在某次的訓練課程中，幾位飼主帶著自己的狗兒，和其他幾隻年輕的狗狗一同參與了「聽指令趴下」的練習，這類活動常會造成年輕活潑狗兒的創傷。其中一隻狗兒站了起來，跑過去和他視線內的狗兒打打招呼，快樂又滿足。飼主大吼大叫，凶相畢露，他的狗兒停了下來，接著趴下，然後一動也不動。想當然，這隻狗兒因為不聽話而遭受了懲罰。

在訓練及帶狗過程中會出現許多誤解及不必要的問題，因為飼主並不了解狗兒「僵住」所代表的意義是什麼。

放慢動作 SLOW MOVEMENTS

快速移動具威脅性，放慢動作能帶來安定的效果。有時狗兒會稍微放慢速度，有時會慢到近乎靜止，有時則是會完全停下來。

當狗兒看到另一隻狗兒的時候，通常會放慢動作。下次你與狗兒出去要特別當心，當他突然開始減速的時候，與其責罵狗兒或拖著他走（更別提拉扯牽繩），不如先環顧四周——看看是否有什麼東西正在接近，讓他覺得有必要令對方冷靜下來，如果是這樣的話，就讓他放手去做——你僅需要多一些洞察和理解就能辦到這點。

你的狗兒在許多你意想不到的情境下運用慢動作訊號，當你用憤怒、暴躁，或是所謂「強勢」的聲音對你的狗兒大吼大叫，十之八九他會立刻放慢速度，好讓你平靜下來。當你訓練狗兒參加敏捷比賽，因為企盼他能用最快的速度跟上你的腳步，你會跳來跳去、大聲喊叫、揮動手臂、活躍異常，卻常會看到你的狗兒漸漸放慢速度。他並不是如你所想是為了要激怒你才這麼做，而是因為他試圖要讓你平靜下來。

當許多狗兒聚在一起的時候，有些狗狗有點過度興奮又跑得太快，你常會看到其中一隻狗兒開始放慢速度，也許會完全停住，目的是為了讓其他狗兒冷靜下來。如果看到狗兒出現這樣的反應，請你立即「踩剎車」並放慢速度。考量到狗兒的偏好，請維持一定的角度緩慢離開，勿朝著他直直前去。

動作放慢也可能發生在其他情境，例如在服從訓練期間，有時會看到飼主強硬、帶有命令的語氣成為練習的干擾，讓「趴下」練習變得永無止境。你的聲音越嚴厲，狗兒趴下的速度就越慢，到頭來適得其反。也許最終你還是能讓狗兒趴下，以為自己獲得勝利，可惜這絕不是完成目標的最佳方法。

狗兒之間的衝突經常是這樣產生的，飼主開了大門或車門把狗兒給放出去，狗狗在極度興奮的狀態下全速奔向其他在場的狗兒，如果發生得太快，引發其他狗兒的反應，在場每隻狗兒都會變得焦躁不安，屆時就會是麻煩將至的時刻。

如果有一隻焦慮不安，或是覺得自己無法掌控情況的狗兒在我附近，我一定會慢慢移動，有時候甚至是龜速前進，移動得越慢，讓對方平靜下來的效果就越好，因為狗兒對速度反應相當明顯。

EXAMPLE

坎蒂 (Candie) 的飼主喊了她要她過來，因為他們準備要離開公園回家。在向飼主跑來的時候，有幾隻狗兒突然出現在飼主和坎蒂之間。坎蒂立刻放慢了速度，開始嗅聞地面，完全停了下來，直到另外三隻狗兒全都平靜下來，她才繼續開心地跑向飼主，飼主滿意地誇獎了她。當然，坎蒂的表現堪稱完美，因為她最終回到了飼主身邊，還安撫了突然出現的狗兒。如果她繼續直接衝向這些狗兒，可能會爆發衝突，甚至可能演變成嚴重的群架。

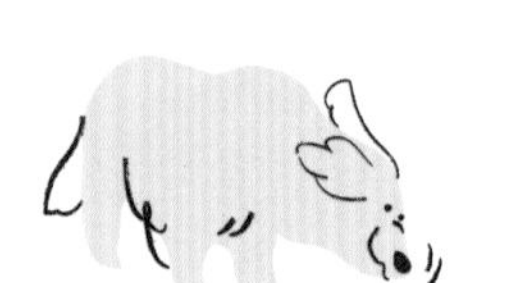

搖尾巴 TAIL-WAGGING

當一隻狗搖搖他的尾巴，他感到滿足的心情無庸置疑，但是如果搖尾還伴隨了其他意涵，試圖表達他的恐懼，好比他的不安、憤怒或壓力，那麼搖尾巴的目的就是在幫助你、他自己，或是任何引發他警戒的人事物好好冷靜下來。你大概可以說搖尾巴是在「舉白旗」，祈求諸事順遂——換句話說，搖尾巴是一種安定訊號。

很明顯，搖尾巴是人類無法使用的訊號，但是別擔心，因為我們還有許多出色又容易上手的訊號可以使用。

EXAMPLE

飼主下班回家，總是因為工作或其他原因而心情鬱悶，有時他會罵狗，是因為狗狗在他剛到家的時候雀躍不已，所以狗兒開始試圖用安定訊號讓他平靜下來。演變到最後，當飼主回家的時候，狗兒貼著地板移動、一邊漏尿還一邊搖尾巴，這絕不是一隻快樂的狗狗。

EXAMPLE

巨型雪納瑞 (Giant Schnauzer) 羅勃 (Lobo) 在飼主的汽車後座，當飼主帶著憤怒的表情朝他走來的時候，羅勃開始看向一旁，嗅嗅腳踏墊，搖搖尾巴。

EXAMPLE

柯拉 (Cora) 的飼主經常抓著她頸後、失控地對她吼叫、掐她耳朵，對她做出種種令她不快的事情，每次柯拉見到飼主時，都會放慢速度，舔舔舌，撇頭並搖著尾巴。

邀玩姿勢 PLAY-POSTURE

前肘下彎貼地稱為彎腰姿勢，通常是想邀請對方一同玩耍，這也是為什麼我們稱它為邀玩姿勢。狗兒通常表現出看似邀請的動作，從一側移動至另一側。有時候也可能會看到狗兒前肘下彎貼地並維持靜止，或者單純只是前肘微彎稍作「鞠躬」，然後再立刻站直。出現這樣的動作可能是因為附近出現了什麼，而你的狗兒想讓對方平靜下來，可能是另一隻狗兒、一個物體或別種動物。

我家附近馬廄的馬，如果在狗兒經過時站在柵欄附近，許多狗兒會出現邀玩姿勢，尤其是當馬兒轉過去看著他們的時候。你可以向下伸展你的手臂（如同狗兒的前肢），使用類似邀玩的姿勢。

EXAMPLE

有隻感到焦慮及害怕的聖伯納 (St. Bernard) 來找我接受訓練，每次他看到另一隻狗狗的時候，都會躲到飼主身後。薇絲拉出動時，她立刻感覺到聖伯納有多害怕。她走得非常緩慢，頭撇向一側，最終能夠在對方沒有試圖躲到飼主後面的時候靠近他。接著她變換成邀玩姿勢，就這麼維持了幾分鐘，直到這隻易受驚嚇的狗兒也突然做出了相同的動作。

EXAMPLE

皮普 (Pip)，一隻害怕大狗狗的小吉娃娃 (chihuahua)，在我的狗兒莎加走經過時，皮普馬上轉換成邀玩姿勢，莎加放慢速度以回應皮普，繞了一個大大的弧線，還別過視線。

EXAMPLE

羅威納 (Rottweiler) 王子 (Prince) 在遇上一隻緊張的黃金獵犬時使用了邀玩姿勢，動作維持了幾分鐘，直到對方在當下感到更加自在。

有時你會看到成犬利用邀玩姿勢來安撫焦慮的幼犬，成犬可能沒有想玩的念頭，但該姿勢具有安定的效果，因此作為安定訊號使用。

坐下 SITTING

對狗兒來說，有時坐下就只是坐下；有些時候為了強化溝通的效果，他們會在坐下之前轉身背對。

> EXAMPLE
>
> 飼主和狗兒來學習訓練，飼主想讓我看看他和狗兒會些什麼，他先深吸一口氣之後，對著狗兒大吼：「坐下！」狗兒坐下之前轉身背對飼主。我告訴飼主，狗兒的反應是因為給指令的方式深具攻擊，要改用更加悅耳的聲音說「坐下」，後來狗兒沒有再轉身背對，輕鬆完成坐下的動作。

> EXAMPLE
>
> 某天一隻巨型阿拉斯加雪橇犬 (Alaskan Malamute) 在外出散步時遇到了一隻㹴犬 (terrier) 幼犬，兩隻都上著牽繩，但幼犬覺得大狗狗很可怕，表現出焦慮的跡象，大狗狗轉身背對幼犬，安靜地坐下，不時回頭察看安定的效果如何，最後幼犬從大狗狗的身後靠近，開始聞聞他。

這個訊號人類也很容易上手，如果你的或是其他人的狗兒看似徬徨、焦慮、躁動或不安，就請你坐下來並放鬆，看個報紙、電視，或坐在那兒就好，都有相當好的安定效果。有時我們一大群人去散步，狗兒可能會因為玩耍加上有其他狗兒相伴而有些過度興奮，尤其是當大家要停下來休息的時候，這時候請你坐下，用牽繩把狗兒留在身旁，他就不會一直跑來跑去。忽略狗兒並安靜地坐著，一切很快就會平靜下來。

關於轉身背對這個行為最有意思的經驗，大概是有次莎加幫我一起清理門前積雪的時候吧。陌生的狗兒很少經過附近，我和莎加突然看到兩位素未謀面的飼主各自帶著狗兒出現在森林周邊的時候，都深感訝異。兩隻狗兒一看到莎加就開始不斷吠叫，全速朝她衝來，莎加立刻轉身背對著他們然後坐了下來。他們相當亢奮，所以她意識到必須要盡可能明確地表達，當她一轉身坐下，他們就放慢了速度，待他們靠近仍背對他們坐著的莎加，他們開始聞聞地面，接著轉身回去飼主身邊。他們一離開，莎加就繼續幫我清理積雪。

趴下 LYING DOWN

關於趴下有許多誤解，狗兒仰躺露出腹部，四腳朝天的時候，有時候可能在表現順從 (submission)，然而趴下則與順從無關，事實上趴下是所有安定訊號當中最強烈的一種。通常狗群當中處於較高位階 (hierarchy) 的狗兒會趴下並維持靜止，以減少其他狗兒之間過度興奮的情形。牧羊犬烏拉，毫無疑問是她狗群中的領導者，她鮮少表現出來，但有時她也不得不採取行動來幫助狗群平靜下來，或在某些情況下展現領導能力。除了上述情況以外，沒人猜得到她在狗群中的地位。在極少數的情況下，烏拉只做這個動作：前身伏地趴下。她會走到狗群中央，確保所有狗兒都能看到她，然後趴下，維持這個姿勢直到一切恢復平靜。

你的狗兒在玩耍的時候，如果身邊的玩伴太嗨，他也會採取相同策略；一隻成年狗兒可能會以趴下來安撫一隻缺乏安全感的狗兒；當兩隻狗兒在玩耍時，如果其中一隻玩膩了，通常會以前身伏地趴下來表達他已經玩夠了。飼主臥躺是讓自己的狗兒平靜下來最有效的方法之一，在沙發上伸展一下，看個電視，讀本好書——這絕對是能幫助你家狗兒放鬆的最佳方法。

EXAMPLE

我帶著烏拉去暑期課程教課，課程的學生及四處搗亂的狗兒圍著我坐成一圈，我身處圓心，烏拉像小貓一樣安靜地趴在我身旁，當我開始四處走動教導學生的時候，她仍然前身伏地趴好，完全毋需下指令，她很清楚該怎麼做。

EXAMPLE

一隻非常有耐性的成年公狗，被兩隻一同在外的幼犬給纏到無法專心，他忍了又忍，發現幼犬幾乎把他當成是玩具一樣反覆蹂躪，到最後他真是受夠了，趴下之後動也不動，他倆終於不再煩他，自己去一旁玩。

EXAMPLE

兩隻小狗相遇，玩耍追逐好不開心，他們還很年輕，僅僅兩個半月大，一下就筋疲力竭了。其中一隻小狗比較容易累，就先趴下，沒多久他就了解趴下帶來的效果，每當另一隻小狗又朝他衝來的時候他就趴下。狗兒在接收及使用這些訊號時非常迅速，所以我們的任務就是給予他們運用訊號的機會。

EXAMPLE

大家都說阿拉斯加雪橇犬是友善的巨人，住在加拿大的慕斯(Moose) 就是其中之一。在飼主學會使用安定信號與他溝通之前，其實他對其他狗兒相當具攻擊性。慕斯今天已脫胎換骨，能夠利用趴下作為安定訊號來降低其他狗兒的壓力、不安及焦慮。在遇到另一隻表現出類似壓力或焦慮的狗兒時，慕斯會背對趴下，並維持姿勢直到對方平靜下來。

打哈欠 YAWNING

大家發現這個訊號相當有趣，總是引發大量討論。我們感到疲倦、壓力及緊張的時候經常會打哈欠，狗兒也是如此，但狗兒更常運用打哈欠所帶來的安定效果，而不是因為感到疲勞。你會看到狗兒在你準備要出去散步的時候，興奮的同時也打了個哈欠，當你一邊磨蹭一邊著裝準備的同時，你的狗兒也會打哈欠。

狗兒會在獸醫診所的候診室打哈欠，也會在你對孩子大吼大叫、與你的丈夫或妻子大聲爭吵，或是發出響亮、讓人心煩噪音的情況下大打哈欠。請記得，對於偏好解決衝突的狗兒來說，一旦出現任何即將發生衝突的跡象，他都必須立刻阻止。下次當你正在吵架，或是在家翻箱倒櫃的時候，請轉頭看看你的狗兒——他可能正坐在某處的角落打哈欠，試圖讓你停下來。

打哈欠是你也可以使用的方法，能有效讓你的狗兒平靜下來。打哈欠對大多數人來說是很自然的行為，所以應該不會造成任何問題。

> EXAMPLE
>
> 如果有人在烏拉附近奔跑及玩耍，她很快就會感到興奮，有時可能會有些失控，我只需要停下來，哈欠打個幾次，她就能恢復平靜。

> EXAMPLE
>
> 有次我的同事斯朵勒來找我，當時我正在處理一位客戶，他的狗兒相當焦慮地跑來跑去，跟我保持距離。斯朵勒進門後立刻注意到了狗兒的恐懼，他在門口停了下來，打了幾次哈欠，狗兒不再繼續奔跑，好奇地看著斯朵勒，看看飼主，然後看看我，我也打了個哈欠，過沒多久，狗兒放鬆到可以躺在我們身旁了。

> EXAMPLE
>
> 有天晚上坎蒂焦躁不安，無法冷靜下來，飼主坐下後開始打哈欠，當下坎蒂不再不安地徘徊，躺在飼主的腳邊放鬆了。

我們常看到有人懷裡抱著小狗，小狗經常會望向別處，而且常常利用打哈欠來平息緊張及不愉快的感受。

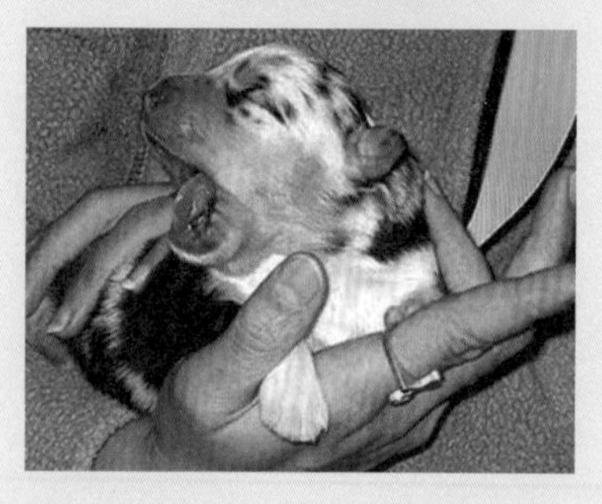

打哈欠不見得每次都有效，但也沒有損失，總是值得一試。打哈欠不會造成任何傷害，肯定也不會讓情況變得更糟，如果你試過打哈欠但沒看到效果，那就別繼續了。但請記得，有時打哈欠需要持續一段時間才能獲得回應。哪種回應呢？狗兒通常會在他真的準備要平靜下來以前，用哈欠來回應你。

在我對安定訊號還一無所知的那些年，大家認為我對狗兒很有一套。他們看到狗兒在我家的時候相當放鬆又平靜，有人甚至懷疑我家牆壁裡是不是藏了鎮靜劑。其實事實再簡單不過，我經常外出又忙碌不堪，一旦回家坐下就開始打哈欠，而且晚上大部分的時間都在打哈欠，有段時間家人還拿這事來笑話我。打哈欠對狗兒當然也有影響，他們很快就放鬆下來了！這就是過去我「很有一套」的秘密啦。

繞弧線 CURVING

狗兒通常不會直接靠近對方，除非他們很了解對方，或者出於某些原因對彼此都感到很自在，他們才可能會這麼做。在部分情況下，他們會發出許多伴隨的安定訊號，接著抓住機會直接靠近。但通常他們會改變方向，幅度的大小就由當下的情況來決定。這也是為什麼當身為飼主的我們強迫狗兒直接靠近另一隻狗的時候，多數狗兒會猶豫不決，進入防禦模式，多數的狗兒無法直接走向另一隻狗。

我們可以教狗兒以一種近乎走直線的方式與另一隻狗正面擦身而過，但這需要時間學習。首先我們要允許狗兒繞一個他覺得夠大而令他感到舒適的弧線，他也的確按照著狗兒的語言在做正確的事情，接著我們可以讓弧線越來越小，直到狗兒可能只需出現小幅度的象徵性動作，面對迎來的狗兒稍微撇過頭，最後可以幾乎面對面擦身而過。服從訓練在這樣的情境下通常沒有太大幫助，我們可以對狗兒下一個腳側隨行的指令，他也許會照做，但無法解除他對當下情境的不適。狗兒在做的是違背自身本能的事情，對他來說並不好受。下次請細細觀察你的狗兒與他狗相遇的時刻，留心他們給彼此的訊號，看看他們在有選擇的情況下，會繞多大的弧線經過對方，你就會知道練習的起點該從何開始。

與狗兒相遇的時候你也可以運用繞弧線的技巧，由於我經常會接觸陌生的狗兒，所以使用得很頻繁。如果你直接靠近狗兒，他會對你做出安定訊號，如果沒有，可能是因為他過往有負面經驗而處於防禦狀態，導致出現負面反應，開始吠叫、低吼或是試圖嚇跑你。

EXAMPLE

坎蒂遇見一隻紐芬蘭 (Newfoundland) 幼犬，幼犬與其他狗兒的社交經驗不多，所以當坎蒂想上前打招呼的時候，他很害怕。坎蒂立刻繞了一個大大的弧線經過幼犬，鼻子還湊近地面加強訊號。

EXAMPLE

羅威納馬克斯 (Max) 在人行道上遇上另一隻體型相當的公成犬，他們同時繞了弧線，對對方看似視而不見。在這類情況下，狗兒很善於完全忽視對方。我們當然可以說它是安定訊號，因為安定的效果非常強烈。

EXAMPLE

有隻德國剛毛指示犬 (German Wirehaired Pointer) 因為很怕人，所以來跟我上課，當我開始走向她的時候，她舔舌並移開視線。我立刻改變方向，放慢速度，看向他方，在離她僅 50 公分遠的地方經過，因為我清楚看到她可以應付得來。接著我靜靜地站在那裡等待，果然她幾乎是直接朝我走來，友善地對我打招呼。倘若你能讓第一次碰面這樣收尾，那後面肯定一帆風順。她與我初次碰面後就成了朋友，之後就再也不會怕我了。而且一般來說，要重新教導原本怕人的狗兒不再害怕，繞弧線是很好的開始。

下次你的狗兒想要移動到你的另一側，請讓他過去，如果你正要經過某個人事物，空間有點窄，或是你沒有任何準備要繞弧線的跡象，你的狗兒通常會移動到離迎面走來的狗兒最遠的那一側。

狗兒不用成天腳側隨行，鬆綁自身對服從的要求，讓家中的狗兒享受散步的樂趣，就不用老是想著要狗兒走在哪邊。除此之外，對於狗兒來說，化解可能發生的衝突，遠比服從來得重要。

嗅聞地面 SNIFFING THE GROUND

你會說，所有的狗兒都會聞聞地面啊，沒錯，通常是因為他們在追氣味，加上他們還喜歡四處聞聞「看報」。不過嗅聞其實也常用做安定訊號，一旦你開始觀察狗兒，就會經常明確地看見嗅聞具安定效果。具安定效果的嗅聞可以是鼻子離地很遠，只是朝下聞聞，接著馬上抬頭，也可以是鼻子一路向下到地面聞聞之後再抬頭。在某些情況下，狗兒的鼻子會在同一個位置持續嗅聞，有時會發現他們的鼻子雖然在聞地面，眼睛卻在關注周遭發生的事情，也就是他想安定的對象。為了辨別嗅聞的目的，真的需要全面了解情況，有些時候我們也無法深究，只能推測。

你和狗兒出門散步，另一隻狗狗和飼主正迎面走來，遇到這種情形，你的狗兒可能會稍微側身轉離迎面而來的狗狗，並且聞聞路邊，直到對方經過為止。

EXAMPLE

有位客戶帶著一隻公狗來找我，她說這隻狗兒對其他狗狗非常暴力，她幾乎不敢放他下車。我讓薇斯拉在車子附近走走，並說服這位飼主牽好牽繩，車門打開一個縫隙，大小剛好能讓她的狗兒看到外面。她本以為她的狗兒會一口吃了薇斯拉，但正如我所說，薇斯拉不會傻到直直地把自己往對方嘴巴送，好讓他生吞活剝。狗兒下車了，的確相當狂躁，嘴邊因激動佈滿白沫，拼命吠叫，一路緊扯牽繩想要靠近薇斯拉——薇斯拉的鼻子來回嗅聞著地面，現場好像根本沒有另一隻狗的存在一樣。她持續了好陣子，轉瞬間她掌控了局面，直接走向對方的跟前，鼻對鼻打了個招呼，這位威猛的國王像顆洩了氣的皮球一樣軟化下來。10 分鐘後，他就在訓練場上與另外 7 隻母狗愉快地玩在一起了。我們常常誤解了狗兒的表達，但其他具備基本社交技能的狗兒並不會誤會，薇斯拉很清楚對方其實只是惶惶不安，不知所措。

EXAMPLE

莎拉 (Sara) 是一隻杜賓犬 (Dobermann)，她的飼主外出辦事的時候就把她綁在一棵樹上。一位男子朝莎拉走來，她開始嗅聞地面，因為陌生人的靠近令她覺得不舒服，幸好我及時阻止他繼續往前。

EXAMPLE

莎加外出散步時遇到了一隻有點瘋狂的幼犬，幼犬跳高高，也如一般幼犬一樣蹦來跳去，莎加完全不想隨他起舞，反而開始嗅聞地面，一直持續到幼犬冷靜下來為止，接著她才繼續散步。

你經常可以在召回狗兒的情況下看到這類的嗅聞訊號，再次強調——這不是因為狗兒想「當家作主」試圖當老大，單純是因為他聽到了你聲音中的不耐煩，也可能是因為你站得直挺挺，看起來深具威脅；又或者可能是因為他必須讓半路殺出來的另一隻狗狗平靜下來；也可能是因為他正享受當下，還不想回家，就像孩子一樣，總想要再多玩一會兒，畢竟這裡太好玩啦！

大多數的狗兒以嗅聞地面作為安定訊號，有時狗兒可能只是鼻子朝下微點，讓人難以察覺，除非你非常仔細地觀察，不過也有些時候訊號是再明顯不過。

介入／分開 SPLITTING ／ SEPARATING

走到兩隻狗兒或兩個人的中間，是防止雙方從近距離接觸演變成衝突的方式，這項安定訊號很重要，尤其當近距互動的雙方並不是同一群體的成員，即便屬於同一群體，近距接觸仍可能引發衝突。

許多人誤以為介入是因為嫉妒而起，其實不然。

你的狗兒何時會使用這項訊號呢？可能是當你有客人來訪，你想擁抱他們的時候；當陌生人與你握手或靠你太近，狗兒可能會試圖把你們分開；或是當你與家人互相擁抱、緊倚著對方坐在沙發上、在廚房起舞、抱著小孩，以及許多其他的日常，狗兒都可能試圖介入。

如果有隻不認識的狗兒靠近我，磨蹭我以尋求關注，莎加會介入我們之間，避免一場她認為我與這隻狗兒之間可能會爆發的衝突。幼犬在訓練課程中可能稍微興奮過頭，如果其中一隻幼犬的個頭比另一隻大了那麼一些，可能就會恃強凌弱。基於這個原因，我總是帶著莎加一起來幼犬訓練課，我就不用操心會有幼犬以大欺小，因為莎加會替我打點好一切。

一旦有狗兒表現出任何暴力跡象，莎加會走到雙方的中間將他們分開，有時候她會來回數次，直到小惡霸離開為止。許多成犬都懂得介入分開，年輕狗兒也不例外。

EXAMPLE

有幾隻幼犬參加訓練課程，還有一隻成犬預計會加入行列。成犬來得比較晚，進門的同時，體型最小的幼犬也越來越害怕其他幼犬的喧鬧，成犬進門的時候，幼犬正躲進了飼主的椅子下。成犬看到當下的情況，他穿越教室，站到幼犬及其他幼犬的中間，就這樣側對幼犬們站在那兒。其他幼犬就此放棄繼續吵鬧，成犬變成了小幼犬心目中的大英雄。

我在街邊訓練一隻小貴賓 (poodle) 學習上牽繩散步，莎加原本在旁邊，後來閒逛到其他地方沒理會我們。突然間一隻薩摩耶 (Samoyed) 全速衝刺到街上，飼主不見蹤影，狗兒邊吠邊朝著貴賓奔來。事情發生得太快，我壓根無法避免這場災難，所幸莎加動作夠快，我不知道她是從哪裡冒出來的，但突然間她就出現在他們中間，她側身對著憤怒的薩摩耶，無論薩摩耶試圖從哪個方向接近貴賓，莎加持續阻擋。薩摩耶因此更加氣憤，注意力轉向了莎加，但那時我已經掌控了情況，能採取行動阻止情勢越演越烈。

兩隻狗兒打鬧到有點失控，第三隻狗兒通常會從他們的後方或側面接近他們，介入中間將他們分開。許多飼主不允許自己的狗兒出手介入，當狗兒跑向他們想介入的對象，飼主會對他們大吼大叫，命令他們回到腳側或趴下等待，這表示狗兒根本沒有機會發展他們獨特又傑出的語言，這份語言是確保萬事都能維持平和有序的關鍵。

人類也能使用這項安定訊號，狗兒知道怎麼做，也很清楚背後的意涵，我們能好好用於人狗溝通。如果兩隻狗兒對彼此感到有些緊張，假設他倆中間有足夠的空間，你只需把自己擺在他們之間。如果你的狗兒對某人吠叫，只要走到狗兒的前方，站在他與他吠叫的對象之間，通常當你這麼做的時候，狗兒會迅速轉身面向另一個方向。當我們在訓練會攻擊他狗的狗兒，通常會做平行散步 (walk in parallel)，兩隻狗兒之間會有屏障相助。屏障可能由一人或多人組成，一旦狗兒處理情況的能力進步了，屏障的人數就會減少。

介入的行為可能需要一點練習才能有效執行，而且必須背對著狗兒，以平靜不具威脅的方式完成。一旦你知道怎麼做，這項安定訊號是非常有效的技巧。

介入 / 分開是狗兒最令人驚艷的訊號，他們能夠迅速了解情況，快速並有效地做出正確反應，而且相當擅長利用此安定訊號來穩定其他狗兒。然而對許多狗兒來說，這種天生的安定本能遭到飼主破壞，飼主做了錯誤的嘗試，堅持掌控並要求狗兒要服從，懲罰他們流露自然的行為。最終他們不敢再用，就這麼失去了這項技能。

我常常看到明明想使用安定訊號的狗兒，卻不知所措地跑來跑去，原因是出自於他們經歷過像這樣令他們反感的訓練，又稱為嫌惡訓練 (aversion-training)。他們失去了使用自身語言所需的自信，使用語言的能力對每個物種來說都非常重要，人類也不例外，失去語言也等同失去了方向。

接下來我將簡要說明其他訊號，當中雖然有些訊號的使用頻率不高，但狗兒都懂，也會回應。

抬起前腿 RAISING THE PAW

這是偶爾會看到的安定訊號。

EXAMPLE

拍攝德國指示犬 (German Pointer) 正面的時候，他坐著撇頭看向側邊，同時抬起了一隻前腿，接著換抬另一隻，持續輪流抬腿直到拍攝結束。

眨眼 BLINKING OF THE EYES

前面已經提過眨眼，好好利用此訊號並密切觀察，只消一個小小的訊號就能帶來極具效果的安定功能。

標記 MARKING

關於這件事情我們的了解仍舊有限，但過去幾年間情況有所突破，經過我的學生多年來大量的調查與觀察，我們開始更了解狗兒如何排尿、何時何地會排尿，最重要的是找出排尿的原因。

我們目前知道狗兒會隨著壓力程度升高而增加排尿頻率，藉由計算 24 小時內的排尿次數可以幫助我們了解壓力程度是否過高。排尿的原因可分為兩種，一種是狗兒經歷了一陣焦慮或興奮，壓力值隨之上升時會快速噴尿及撒尿，這反應再自然不過，不用擔心。另一種則為面臨慢性壓力的狗兒，需要不斷排尿。如果是這個情況，我們需要找出造成壓力的原因。

根據我們的調查，狗兒在白天平均的排尿次數為 7 到 15 次，排尿頻率越高，狗兒慢性壓力過高的機率就越大，我們必須加以關注，並試圖找出原因。

觀察的結果顯示，所謂用尿液標記領土根本不是在劃定屬於自身的領域。排尿有時候單純是壓力引起，就像我們有壓力的時候，可能會經常跑廁所。有時候狗兒也會運用排尿作為社交表達，就像我們和朋友可能會出去喝杯咖啡一樣，狗兒同樣地可以在碰面時撒泡尿，享受彼此的陪伴，畢竟在這種情況下，他們也沒多少事情可做。一群狗兒碰頭的時候，可以看到他們尿來尿去差不多都在同一個位置，誰先誰後都沒差。先尿的可能是幼犬，或是心不在焉的年輕成犬，也有可能是狗群中的領導者。

最後，這類標記其實也可以是安定訊號。我認識的狗兒當中，有些非常明確地把排尿用作安定訊號，幫助特定情境中不安的狗兒穩定下來。舉例來說，坎蒂在和其他狗打交道的時候經常使用此訊號，效果也非常好。

一隻公哈士奇經常利用排尿作為安定訊號來和其他公狗相處，他總是有辦法讓他們在害怕或稍微失控的時候安定下來，他會迅速地四處走動並排尿，直到情況平息為止。

替代性活動 DISPLACEMENT ACTIVITY

替代性活動或許也可說是「去做別的事」，狗兒經常在你沒發現的的情況下這麼做。

> EXAMPLE
>
> 我家的德國牧羊犬非常喜歡人類，對大家都很友善，有次他跑去迎接一位男士，但這個人卻站在那裡不斷揮舞手臂，過了一會兒，狗兒覺得當下情況令他擔憂，他便拾起了附近的一根樹枝跑來跑去，同時試圖忽略那位男士。

> EXAMPLE
>
> 一隻邊境牧羊犬被拴住，有位男士決定上前跟他打招呼，他可不喜歡對方這麼做，他被拴在一條短繩上無路可退，加上那位男士沒看懂他發出的一般訊號，所以他開始瘋狂地嗅聞勉強可以搆著的幾片草葉。

狗兒也能裝作他正在專注地看著某物，實際上是因為他不知道該如何應對具威脅性的人類行為。

微笑 SMILE

有些狗兒運用微笑作為友善的溝通方式，其他狗兒則明確地利用它來作為安定訊號。微笑有時候也許兼具了上述兩種功能，可能很難確切得知到底是哪一種，我們雖清楚訊號的意義，但還無法完全知曉狗兒欲表達的全盤意涵。更糟的情況是狗兒學會在聽到指令之後微笑，當下的微笑根本不具任何意義，就只是一個學會的才藝，還會造成他與其他狗兒在平日溝通時很大的困難。不要教他們這項才藝！有時我們只需推測訊號要表達的意義，但考量的範圍如果還得包括這類不具意義的微笑，推測錯誤的機率就大多了。

我的莎加通常只會對兩個人微笑，其中一個對象總是笑容燦爛，大概也是因為如此，莎加對她感到有些不安，雖然莎加很愛她。另一個對象是我的女兒，有時在雙胞胎令她煩透的時候，會對著他們喊叫。此時莎加就會靠近，並送上一個大大的微笑。這類情況發生的時候，我很確定這個微笑的意涵是：「請妳先冷靜一下好嗎？」 隨著時間過去，莎加開始對越來越多人微笑，因為大家讚揚並獎勵了她的微笑。

大家覺得莎加的微笑很迷人，她的笑容真的燦爛無比！所以現在她學會了更加頻繁地運用微笑，因為她知道微笑讓大家都很開心。而她絕不會想要聽從指令去微笑……

訊號可以經由學習獲得，因為週遭人的反應，狗兒學會了更加頻繁地使用訊號，且用更明顯的方式表達。

其他訊號 OTHER SIGNALS

除了上述訊號以外，有時還會看到其他訊號：

1. 咂嘴唇
2. 拉平臉上的紋路，扮起了幼犬
3. 即便已經是成犬，還表現得像幼犬一樣地孩子氣

以上總結

截至目前為止我們已經看了各種安定訊號，也嘗試說明訊號的意義。安定訊號是了解狗兒的關鍵，狗兒還有其他訊號可以表達他們的部分感受，好比遠離訊號的露牙、低吼、吠叫，那些作勢要把人嚇跑的方法，當然還有多數人過度在意的訊號，例如抬尾巴與豎背毛。這兩個訊號通常沒別的意思，只代表狗兒接收到的刺激比平常要來得多，刺激可能來自開心、不安，或僅僅是因為有些不尋常的事情正在發生。仔細去看，並觀察狗兒的情緒變化，倒是不用過度擔心，相反地，試著讀懂狗兒的安定訊號——這點要來得重要許多。

簡單摘要一下我們所說的安定訊號，它與威脅訊號不同，威脅訊號旨在創造距離，不讓某人接近，或使對方知難而退；但是安定訊號的目的是帶來平靜，減輕壓力、焦慮、憤怒，以及緩和任何可能引發衝突的狀態。我們可稱安定訊號是在維持和平、解決衝突、撫慰狗心，或給它各種我們喜歡的說法，但是所有的訊號目的是一致的，也就是促進和諧並且避免衝突。

雖然部分的安定訊號過去有別的名稱，但是我們比較想要保留「安定訊號」這個原有的詞彙，因為訊號通常帶來的是安撫及穩定情勢的效果。如果某天，你察覺到家中的狗兒使用了一個過去從來沒人談論過的獨特訊號來穩定當下情勢，代表你發現他使用了新的訊號。諸如此類的觀察深具價值，有利於建立進階觀察的基礎，時機成熟的時候或許我們就能在訊號列表上添入新的一筆。

一開始我們從一些經常遇到，而且描述得出來的訊號開始著手，可是過了一段時間大家跑來問我，想知道他們觀察到的 A 或 B 行為是否屬於安定訊號，因為他們曾經目睹狗兒藉由使用這些訊號達到安撫其他狗狗的效果。透過持續的觀察及資訊收集，發現了更多種安定訊號，也能拓展我們對訊號領域的了解。

我們無法憑一己之力去找到並發掘所有事情，合作及經驗的交流是重中之重。

威脅訊號旨在創造距離
安定訊號目的是帶來平靜
所有的訊號目的一致
就是促進和諧並且避免衝突

安定訊號——觀察、修復、發展及成長

如何觀察

雖然有些人可能天生對細節較為敏銳，還具備優異的觀察力，但大家都有辦法提升自己的觀察能力，並留意當下正在發生的事情。練習是關鍵，為了達到目標，你可能需要大量的練習，剛開始練習的時候會需要旁人適時的提點，幫助你了解觀察到的事物代表什麼意思，但是最終每個人都能學會怎麼做。接下來就跟大家談談幾個提升自身觀察力的秘訣，如果你不確定從何著手，歡迎你先嘗試看看。

01

從帶有輕鬆氛圍的自家環境開始練習，你會有充裕的時間觀察個幾項訊號。家裡頭平靜無瀾，大夥兒都很放鬆，可能除了聽見沙發上傳來的一點鼾聲，大概不會有太多機會看到安定訊號。但是偶爾也會有人會站起來做事，或者剛好快要到散步的時間了，或是有客人來訪，或者你不小心失手掉了東西，也可能是幾位家人開始談論某件事情，又或是家長開始罵小孩，一旦發生上述情況的時候，請看看狗兒的反應，你肯定會看到些什麼。毋需刻意營造一個會引發安定訊號的情境，這麼做並不恰當，只需要在自然會發生的情境當中觀察就足夠了。但發生的當下記得觀察狗兒，一定要馬上觀察，不能幾秒鐘後才看。

02

善用每一次與他狗相遇的情境，可能是狗兒都放繩在公園奔跑，這是最輕鬆的方式，但也要觀察扣上牽繩時的相遇反應。留心觀察，當狗兒看到了另一隻狗狗的瞬間，他正在做什麼，也要確認你沒把牽繩繃緊，不然會令他感到緊張，傳遞了錯誤的訊息給他。

03

若是在經歷了幾次類似的情況之後，你認為狗兒特別常使用下列訊號，例如舔舌、嗅聞地面，或是任何其他的訊號，你可以選定其中一種，試著觀察該訊號出現的次數以及情境。

// 04

慢慢地，你能感覺到自己觀察出越來越多種安定訊號，接下來就可以挑戰自我，前往有很多狗狗的地方，但請不要帶自家的狗兒參與其中，你才能更加專注。狗狗多的地方可能會是在訓練課程，或是狗兒聚在一起盡興、玩耍的空間，也可能是狗展，或是其他會有狗兒聚集的場所。同時察看多隻狗狗，跟著這些狗狗，觀察他們快速接續出現的訊號。

//

很快你就會發現自己會去察看視線範圍內所有的狗兒，觀察成為了一種習慣，甚至停不下來，而多數的人是再也戒不掉了。既然如此，我也只能說，歡迎來到狗語的世界！

狗兒喪失了自身的語言，該怎麼辦？

我常收到這樣的提問，多年來我一貫的回答都是他們並未喪失語言，它是遺傳的一部分，是與生俱來的。但狗兒有可能會壓抑自己，不去使用天生就會的語言，因為曾在使用後遭受了來自人類或其他狗兒的懲罰及苛刻對待，又或是其他原因所造成。

我訓練過看似不懂任何狗語的狗兒——好比薇絲拉，在一些朋友的協助之下，她的狗語能力恢復得很好。恢復的方法可以是借助其他狗兒良好的語言技能，或是與不同狗兒互動來學習，重要的是必須確保過程當中不會遭遇困境。狗兒需要充足的空間，才能明白他們毋須處於防禦狀態，或是感到驚慌。在安全的環境下，有其他狗兒的陪伴，能夠幫助他們慢慢把一度忘記的語言技能重新找回來，我們當然也能幫忙加速過程。

狗兒的學習是透過聯想，這也是為什麼千萬不要在狗兒正專注在其他動物或人身上的時候，硬去拉扯他的牽繩、罵他，或是做些令他不快的事。其實我們可以教導狗兒在其他狗狗出現的時候聯想到好的事物，例如給予他們適度的安全空間，有充分的時間去觀察並學習，開放他們去做選擇，在想接近對方的時候能更靠近，或是在需要喘口氣的時候能拉開距離；此外，飼主本身也要成為一位令狗兒感到安全又平靜的人。如此一來，狗兒對其他狗的態度在未來會有所改變，有其他狗在場的時候也能更加放鬆。

除此之外，我們也可以直接介入，獎勵看似快做出安定訊號的狗兒。例如在遇到另一隻狗狗的時候，他開始一面嗅聞一面拉開距離；或是低頭做出像嗅聞的動作；請獎勵任何一個可能即將出現安定訊號的時刻。如果你貫徹始終，認真地反覆讚揚類似的行為，很快就會看到成果。與其汪汪叫個不停，狗兒會開始使用安定訊號，這樣的進展在某些情況下相當令人振奮。

幼犬何時開始使用安定訊號？

這是另一個大家常見的提問，其實我沒辦法給出一個適切的答案，因為我從未養過整窩幼犬。不過就在幾年前，我獲得一位英國傑出訓練師艾莉森·羅博瑟姆 (Alison Rowbotham) 的協助。她花了大把的時間去營救身處在令人心驚境況的狗兒，並為他們找尋新家。當中有許多狗兒是懷孕的母狗，在艾莉森的家裡生下狗寶寶，並一直待在那兒直到找到新家。他們是不同犬種，來自不同背景，而共通之處是相當缺乏安全感、易受驚嚇，而且壓力很大。

艾莉森花了兩年時間觀察了幾窩幼犬，從剛出生開始一直到 8 至 9 周大為止，也跟我說了她的觀察結果。艾莉森很快就發現幼犬只有一種安定訊號，就是打哈欠。幼犬在被抱起來的時候會打哈欠，而她觀察的第一窩幼犬，從出生的第一天就開始這麼做，有隻幼犬甚至才快要 7 小時大呢。

打從他們出生的第一天開始，每隻幼犬在每一次被抱起來的時候，都會打哈欠。後來她自家的母狗在熟悉無壓力的環境下生了一窩小狗，她再次觀察，幼犬在出生了幾天後，被抱起來的時候才開始打哈欠。

後來我請其他人幫我觀察幾窩新生的幼犬，盡可能多收集資料。我們發現，每窩幼犬打哈欠的狀況都不同，有幾窩早在出生的頭一天就開始打哈欠，有些則是到第 2 天或第 3 天

才開始。這或許與狗媽媽整體健康情形以及幼犬出生的環境有關，也可能是受其他因素影響。事實上，幼犬一開始先使用打哈欠的訊號，隨後在與其他兄弟姊妹、狗媽媽，以及其他成犬互動的時候適時出現了其他訊號。幼犬成長至 6 到 8 周大時，已經掌握了大部分的語言，當他們在 2.5 個月到 3 個月大，參加訓練課程的頭一天，就已經能夠掌握並了解他們所需的所有訊號了。

可以肯定地說，狗兒天生就有語言能力，但要能夠真正感到自信並熟練地駕馭，就必須在成長過程中擁有發展的空間，這也是為什麼讓家中幼犬能夠頻繁與其他狗兒相處變得如此重要。有機會與各種不同類型、犬種、體型及毛色的狗兒相處，就會是自家狗兒能學到最寶貴一課的所在。實地學習的所得，能夠減少狗兒在棘手的青少年時期以及未來階段的各種難題，對人對狗兒都有助益，社交訓練及環境訓練對幼犬來說是最重要的兩件事。

支配主導 (Dominance) 與親子教育 (Parenting)

多年來有個迷思持續存在，就是人類面對幼犬時應該要建立權威，否則幼犬就會試圖掌權，取得主導地位。許多狗兒的不幸，以及許多問題的產生都因這項迷思而起。我們可以試著屏棄「支配主導」這個說法，而採用「親子教育」的觀點，因為這才是雙方關係的本質，後者的確是合乎邏輯的詞彙。請參閱巴里 · 伊頓：《狗兒的支配欲——是真還是假？》(Barry Eaton: Dominance in dogs - fact or fiction? ，暫譯)。

當有一群狼或是野狗形成的團體，通常都是由一對配偶生下一窩幼崽開始的。這些幼崽在他們父母充滿耐心、包容及關愛的庇蔭下成長，面對自家的幼崽，沒有其他動物能比狗兒及狼隻來得更加慈愛有耐性了。幼崽可以隨意作弄他們的父母，絕不會因此受到懲罰。當父母捕捉到獵物，滿載而歸時立刻就拿去餵養他們的幼崽，全然沒想過要先拿來祭自己的五臟廟。幼崽在出生後的頭幾個月，生活在父母關愛及安穩的照顧之下，並且在安心又能建立信心的環境下與其他幼崽玩耍。

當幼犬在 10 到 12 周大的時候去到新飼主身邊，飼主因為幼犬犯了些「錯誤」而抓住他的脖子，把他按倒在地，對著他大吼大叫，捏他的鼻子，做出各式各樣其他事情，讓毫無預期會受此對待的幼犬飽受恐懼，驚駭不已。幼犬變得害怕、不安，完全不知所措。

問題通常都是從這裡開始的，受驚的幼犬對著朝他伸手的對象低吼，因為害怕另一次的懲罰隨之到來。大家因此開始討論「領導地位問題」，對幼犬的態度變得更加強硬，突然間我們走上了一條只會製造更多問題的道路，對狗兒來說，所謂不幸的生活莫過於此。

小狗狗剛來的時候對你全然地信任，他預期新的父母會與親生父母一樣，對他充滿了耐心與關懷。別再支配家中的幼犬，請想想父母會如何愛護子女。

幼犬會適時學會家中規矩以及許多其他的事情，但是不可能一次到位。只要記得用呵護自家幼童的態度來對待幼犬，一切就都會順順利利。就讓我們更加用心地對待吧，狗兒是非常稱職的父母，我們可以從他們身上學到許多。

幼犬在 4 到 5 個月大之前都身懷「幼犬通行證」，意思是說，成年狗兒不會對幼犬的所作所為生氣，小狗狗能因此逃過一劫。要是成犬還是對幼犬「說教」了，方式也會是溫和且非暴力的。為何人類如此頻繁地訴諸肢體暴力呢？試想一隻那麼小的狗狗，遭受來自比自己大上好幾倍的巨人的威脅和粗暴對待，是多麼可怕的事情。

飼主開始抱怨他們的狗兒不聽話，叫也叫不來，還有其他各式問題，都會成為日常中令人不耐的因素。幼犬學會了裝作不知道飼主在哪兒來避開對方，也會使用各式各樣的安定訊號試圖提振飼主的心情。當他的嘗試通通給打了回票，最終可能會放棄使用任何安定訊號。他發現原來自己活在了一個使用暴力溝通的世界，在這裡除了暴力，容不下其他語言。他無法使用自己的語言，因為沒人聽得見，最後再也吐不出半個字。有非常多的狗兒消極以對，什麼都不敢嘗試，也毫無好奇心，事實上他們已經放棄身為

狗兒所應擁有的一切。大家常說，這樣漠然的狗兒叫做「乖狗狗」，這不是「乖」，是他們已經全然放棄了。

有些狗兒則變得緊繃無比，連帶成為自己及他人的困擾。經常性的不安造成慢性壓力，化身為各種行為，例如破壞傢俱、吠叫、害怕聲響、怕人怕狗。簡言之，那些大家稱為「具攻擊性」的狗兒，就是會拉扯牽繩以及做出各式行徑。

為了養成一隻內在和諧、善於社交的成犬，必須要給予他安定、友善及充滿關愛的幼年成長環境，遇到青少年時期要再多給他一點拿他沒轍的耐心，身為父母也要確保幼犬能自在表達感受，並協助他與群體中其他成員建立關係，不該為了要追求「支配主導」而粉碎他的內心。

請記得，扶養幼犬的成犬，會把幼犬教得很好。同理，狼隻若養育幼狼，也會把他們教育成優秀的成狼。當我們照顧幼犬時，通常會遇上困難，這時必須自省，並想想看到底領導者所代表的意義為何。如果我們細想，會發現其實領導能力代表的是擁有出色的育兒技能。當幼犬來到家中，就如同迎接人類新生兒一般，我們會擔任起父母的角色，不會去恫嚇家中的幼童，因為驚嚇幼童的行徑令人無法接受，也絕不會因為對象換作是幼犬就變得無所謂。

真實案例

案例之一 CASE 1

德國指示犬通常態度友善也喜歡人類，但若遭受過嚴苛的對待，也會變得很怕人。有個家庭帶著他們家年輕的母指示犬來找我協助，狗兒在人類身旁顯得相當不自在，這點很不尋常。

這家人抵達的時候，我請他們帶著狗兒到訓練中心之後就放開她，除此之外什麼都別做。當時我在教室的另一側，我慢慢起身，朝著狗兒方向挪了兩步，她立刻充滿畏懼地遠離我。但是當她看到我停下來的時候，她也停了下來，期盼地等待著。通常我會採取以下方式來靠近狗兒，我會先看向一側，接著明顯改變走路的方向，走個弧線遠離她，慢慢地走。從餘光可以看到她觀察我的時候充滿好奇，似乎不再那麼害怕。我再重複了一次繞弧線，只是這次接近的時候繞了一個比較小的弧線，最後在側身面對她的時候停下來。我維持姿勢不動，接著她小心翼翼地接近我，開始聞聞我。她開始搖尾巴，突然間她不再覺得我會對她帶來威脅，從那一刻起，我們變成了好朋友。

她的飼主完全不理解我是怎麼辦到的，我得向他們解釋為什麼我的方法得以奏效。

狗兒如何看待你，關鍵在於你與狗兒初次見面的經驗。倘若從見面的第一刻起，狗兒從你身上觀察到了友善的訊號，在你身旁他很快就會有安全感，對你做的事情也不那麼容易感到害怕。但若狗兒初次見到你的反應是恐懼和不安，就需要花更多時間來讓狗兒理解你的來意良善。

這隻年輕的母指示犬在我以及其他曾練習過動物友善接近方法的人身旁，很快就能感到心安，後來在有旁人的情況下也能如常生活。她害怕的原因顯而易見，因為她曾在幼犬時期遭受繁殖業者頻繁地攻擊和嚴厲的管教，她學會要害怕人類，在人類接近她的時候，細尋對方憤怒及威脅的跡象。後來她開始認為每個想靠近她的人都懷抱著惡意，會做出令她不舒服的事情。幸運的是，我們還能夠對這樣的感受作出彌補。

案例之二 CASE 2

大型野兔獵犬 (Harehound) 站在房間的正中央顫抖並急喘著，她瘦到肋骨都跑出來了，看著都令人不捨。幾秒過後，距離她家大約 30 公尺外的火車聲消失了，她又開始表現得比較像正常的狗兒，想過來打招呼，表現她的友好。

她家住在鐵路旁邊，每次聽到火車駛近的聲音都會害怕。過沒一陣子，她就變得焦躁不安，即便入夜了也四處徘徊，無法獲得充分的休息，她體重掉了 7 公斤而且心律不整。我真不知道該怎麼辦，難道要請他們搬家嗎？讓狗兒吃藥？我決心要在下一次火車經過時做個嘗試。

我告訴飼主我預計要做什麼，還有他們要做什麼。當我們聽到遠處火車接近的聲音，我開始打哈欠，聲音又大動作又明顯地延展我的兩隻「前腿」，而且刻意不去看狗兒。從餘光我能監看她的反應，幾位飼主面面相覷，交頭接耳。狗兒站在房間的正中央，邊抖邊喘，但是在我打哈欠的時候她一直看著我。她看了看我，又看了看飼主，然後又回頭看我，這一次的喘氣沒有來得那麼急了，難道這方法真的可行嗎？當下一班列車經過時，我與幾位飼主都一起打了哈欠，狗兒的反應有了相當明顯的變化。

我給飼主出了回家功課，並答應他們在一個月後回訪，除非中間這段時間狗兒的情況惡化，我才會提早過去。我沒有收到他們的消息，代表至少事情沒有變得更糟。一個月之後我回訪，狗兒過來打招呼，在我坐下的時候跳到我旁邊的沙發上(家人願意讓她上沙發喔)，蜷成一團開始打瞌睡。她的體重增加，肋骨不再那麼明顯，飼主心滿意足地微笑著，我心想狗兒大概是有了什麼樣的變化。

不久之後，我們聽到了火車接近的聲音，我細細觀察，狗兒睜開單隻眼睛瞄了我一眼，看到我在打哈欠，她便回頭繼續打瞌睡，好像在說：「嘿啊，火車聲真的沒什麼大不了！」。我完全沒有吭聲，欣喜至極，這個結果代表的確能夠使用安定訊號來與受驚嚇的狗兒溝通。她是我最早使用安定訊號溝通的對象，我永遠都不會忘記她。

多年後我再次遇見她，她認出我來。她後來過著活躍的生活，也非常長壽，跟著她的飼主一起在森林獵捕野兔，如果天堂裡有森林，我想她一定會在那兒打獵，我衷心希望她到哪兒都這麼快樂。

案例之三 CASE 3

我在美國舉辦的一場課程，參與的狗兒當中有一隻比熊(Bichon Frise)，飼主是一位年長的女士，她與狗兒參與了很多活動，包括了服從競賽、敏捷比賽及選美比賽，比熊是一隻五歲大的帥氣紳士。

飼主對他很失望，因為他不喜歡人，也不願意去打招呼。他似乎不敢靠近人，飼主也習慣了用牽繩把他拽到其他人面前，然後要求他坐下或趴下，結果是一點幫助也沒有。

我觀察這隻狗兒的訓練過程，很快就發現問題所在。他不是「緊張型」的狗兒，但是和其他許多小型犬一樣，當他是處在被迫要近距離接觸的情況下，很容易會感到害怕。

不願趨前打招呼這點顯然是飼主的困擾，她以狗兒為榮，卻也為他在這方面的不完美感到相當遺憾。我建議她試著訓練，她也同意了。

我請她和狗兒先與其他人保持距離，這樣一來狗兒的附近就沒有人，同時確保牽繩是鬆的，不能繃緊或拉扯牽繩。我也請她什麼都不要做，什麼都不要說，一切都交由狗兒決定。接著我問有沒有人願意出來當小幫手，課程中總是不乏有願意幫忙的人。我選了一位過去有相關經驗的女士，跟她說待會要怎麼做，她完美執行了所有指示。

她走向狗兒與飼主，當狗兒注意到她的那一刻，她放慢速度，

並繞了一個大大的弧線，眼神看向另一側，這時候狗兒躲在飼主的身後。小幫手在距離他們幾公尺遠的地方停了下來，側身面對他們並緩緩蹲下，撥弄著地上的草，表現得很平靜，幾秒過後狗兒小心翼翼地走到她身邊向她打招呼。這是他第一次自願和其他人接觸，我們邀請了另外兩位小幫手，每次都得到相同的結果，也都有明顯的進展，當他們靠近的時候他不再躲去飼主身後，每一次的經驗都更加開心愉快，他發現原來接觸是可以靠自己主動出擊。

飼主親眼見證到效果有多好，她帶著允諾要遵循的訓練計畫，開心地回家了。

一年之後，這位飼主愉快又欣慰地寫了封信給我，她說她的狗兒簡直脫胎換骨，狗兒會去向其他人打招呼，也如期望中地那樣善於社交，非常友善，他倆共同的生活有了新面貌。如此心懷感謝的飼主實在並不常見……

如果能夠讀懂，並且使用狗兒認為是象徵友善的訊號，而非施以暴力威嚇他們，其實真的不需要花太多力氣就能帶來改變。就像這個案例一樣，用不到 3 分鐘，狗兒對人類的態度就有所轉變。

案例之四 CASE 4

一位剛養獒犬的飼主帶著狗兒來找我，狗兒相當小心，也很安靜。我們想要在訓練場上觀察他，飼主就用他平常的聲音，在狗兒的上方前傾身體，要狗兒坐下。就在這麼做的瞬間，狗兒可以說是「登出」了。他瞬間精神失序，從現實世界登出，躲進一個任何壞事都影響不到他的內在世界。

這些體型巨大又友善的的狗兒發出的低沈隆隆聲經常遭人誤解，過去曾經有某個人，或是其他人用錯誤的方式對待這隻獒犬，導致他害怕到無法處在現實世界中。

像這樣極端的反應很少見，但是比較輕微的版本卻很常見。狗兒會嘗試其他策略，假裝在忙別的事情，焦慮地跑來跑去也不願去找飼主，試圖裝作他們害怕的對象根本不存在，而這隻獒犬的「登出行為」，是我遇過這類反應中最嚴重的情況。

他就坐在那兒，魂卻不知飄向了何處，雙眼無神。飼主想要把他壓下成趴姿，我阻止他，請他先遠離狗兒。我慢慢地走到狗兒身邊，跟他看向同一個方向坐下，我的哈欠打得又大又深，然後開始慢慢地撫摸他的胸膛。

飼主出聲要我小心，他說狗兒可能會開咬，但我請他保持安靜。在這樣的情況下，如果還罵狗、拽狗，或試圖對狗兒下指令，沒錯，我就真的可能會被咬。但我沒有給他任何需要咬我的理由，他也的確沒有咬我。

我就坐在他身旁 15 到 20 分鐘，他開始漸漸地回神，驚訝地看了看四周，看了看我，他真的一點都不具威脅性。又過了幾分鐘，他才從恍惚中恢復過來，接著開始舔我，看著我，搖搖尾巴，他感到安全。

在那之後，他給了我全部的愛，無論我做什麼他都能接受。他們後來回來找我的時候，他還賴著不想離開。

真的不用花大把力氣來贏得狗兒的友情及信任，結局就能如此美好。面對狗兒的時候你都有選擇，要威脅他或是對他友善，這選擇對我來說再容易不過。

在你生氣或是為了某些原因要「處置」狗兒的時候，他是否瀕臨「登出」狀態呢？他是不是突然看起來很忙，試圖想要遠離現場？無論是下達指令、要求服從、施以懲罰或是拉扯牽繩，都無法提升你與狗兒之間的信心程度，下次你的狗兒「登出」時，請牢記這一點。

案例之五 CASE 5

基於種種原因，你對某些狗兒的印象會特別深刻，我永遠不會忘記的狗兒之一，是一隻會怕其他狗兒的聖伯納犬。無論對方體型大小，只要一有狗兒靠近，他就會躲到飼主身後。

遇到類似的情況，通常我會請薇斯拉來協助找尋問題的根源，這次也不例外，薇斯拉已經知道該怎麼做。

聖伯納及他的飼主站在農場對面的樹林裡，我放開了薇斯拉，她喜歡所有的狗兒及人類，一看到聖伯納就朝著他前去，但從他反應中的蛛絲馬跡，她得知了他的狀態，便立刻放慢了速度，非常緩慢地靠近，頭從一側撇到了另一側。他一直待在原地，被眼前的景象給迷住了，甚至沒有想要去躲起來。薇斯拉在離他不到6、7 公尺的時候，擺出了一個有趣的姿勢，而且一直維持在那兒直到對方也做出相同的姿勢。她並未侵犯他的空間，在這之後他率先前去向薇斯拉打招呼，一起度過了愉快的時光。

關於聖伯納的後續我不清楚，但是許多狗兒在幼犬時期並未充分與其他人狗社交。狗兒需要在幼年時期認識各類型的狗兒，對象可以是幼犬、年輕的狗兒，或是好脾氣的成犬（多數成犬都是如此）。可惜有些成犬在面對幼犬時養成了壞習慣，保護幼犬免於受到這類成犬的傷害就變得非常重要，因為這類經

驗會讓幼犬害怕。但若因此斷絕狗兒與其他人狗接觸的話，反而是矯枉過正。初體驗的經驗不佳還是有彌補的方法，只是對飼主來說，彌補工作繁重又耗時，不見得每個人都願意去做。在狗兒的青少年時期，對他最佳的訓練就是來自其他狗兒的社交陪伴。

狗兒的壓力

我們需要壓力荷爾蒙，適量的壓力荷爾蒙才能維持精力與健康，能夠在工作之餘還有足夠的體力來處理額外的雜事。有時候雜事太多，會覺得自己陷於恐慌、焦慮或憤怒，這時候荷爾蒙就會接手處理，分泌得有些太快。簡言之，我們會感受到「壓力」。

我們會在碰到事故、發生有驚無險的意外，還有各種情況下感受到壓力，尤其是遇到自己應付不來的事情的時候。比方說，大家在不得不開車經過滑溜結冰路面的時候，會感到恐懼。心臟開始怦怦亂跳，越來越害怕，根本不敢開過去。但是如果他們有機會學習如何有效處理這種情況，遇到相同情形的時候就不會再感到畏怯或是壓力過大。不習慣公開演講的人會覺得心跳加速、手心出汗，到了要站起來開始說話的時候，幾乎快忘了自己要講什麼，覺得無法掌握情勢。有很多學習方法可以用來增加掌握程度，其中一個就是做好充分準備，讓自己清楚知道接下來要說什麼。如果演講內容練得滾瓜爛熟，壓力程度就不會這麼高，因為你知道你能完全掌握內容。

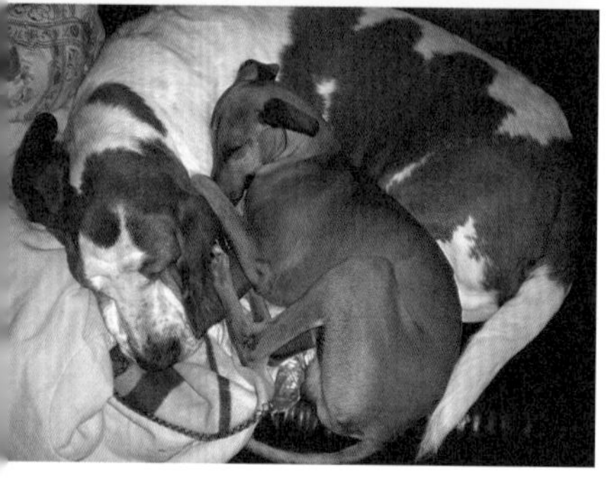

恐懼、不安，以及任何會令人心驚或苦惱的事件都會引發壓力，無論好壞。狗兒也會因為相同的原因而感到壓力，當他們覺得無法掌控局勢的時候會有壓力，當我們對狗兒生氣或施以暴力的時候，他們會因爲疼痛、受威脅，以及覺得不快而感受到壓力。狗兒在發情的期間，公狗聞到發情母狗氣味的時候壓力也會上升。大量的奔跑、丟球，以及一般的玩耍都會產生壓力。遭到其他狗狗欺侮的狗兒、無法獨處的狗兒，還有許多其他令他們感到無助以及失去掌控的狀態，都會造成壓力。

當狗兒開始感到有壓力時，會透過很多方式表現出來。如果周遭環境就是壓力的來源，你會經常看到狗兒迅速開始做安定訊號來安撫自己或四周的人事物。如果你已經熟知如何看懂安定訊號，就經常能在狗兒感到壓力的時候介入處理。

隨著狗兒的壓力程度上升，安定訊號的表現會更加強烈。如果這麼做還沒用，那麼狗兒就會試著使用遠離訊號，試圖離開，或者最後為了保護自己，只得背水一戰。從來都沒有必要讓事情發展到這一步，請觀察狗兒，留心他何時開始使用安定訊號，當下就是他感到壓力的時刻，請你幫忙他處理，別待事情惡化到狗兒以為只能靠他自己出手，那就來不及了。在發展至這樣的情況之前，及早干預是很重要的。

還有一個重點，當狗兒常感到壓力，或是幾乎是長時間處於高壓，身體會出現病痛，例如因壓力引發的過敏，消化道的問題（「德牧腸胃」是很好的例子），還有心臟疾病，道理跟人類相同。

我的工作經常要處理會對其他人狗出現攻擊性的狗兒，或是在特定情況下具攻擊性的狗兒。像這樣的攻擊性，通常來自壓力程度過高，狗兒的防禦機制會因壓力而加速啟動，反應也來得更加猛烈。

一隻年輕的狗兒承受高壓，因為小時候頻繁接收來自飼主充滿怒氣的指令以及過高的期待，再加上飼主本身易怒又好鬥，狗兒勢必會發展出異常活躍的防禦機制，這類的狗兒通常會對其他人或狗表現出撲衝或攻擊行為。

狗兒是靠聯想來學習，當狗兒看到另一隻狗狗的時候，因為純粹又歡欣的亢奮而開始吠叫（至少一開始是如此），卻被飼主拉扯牽繩、怒吼、壓倒在地，很快這隻狗兒就會開始把其他狗兒與憤怒、疼痛及其他不悅的感受聯想在一起，過不了多久，他就會對其他狗兒表現出攻擊或恐懼。

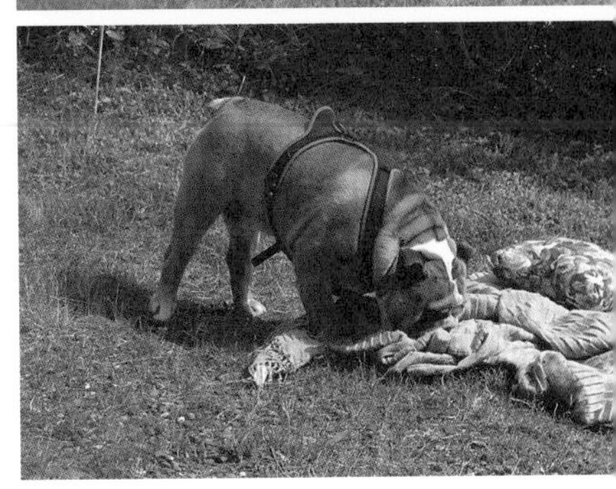

結論……？

我的結論是，沒有任何理由可以允許我們對狗施以懲罰、暴力、投以憤怒、威脅，或是做出其他令狗不快的行為，這只會給狗兒帶來壓力，壓力會造成疾病，從而導致對其他人狗的攻擊，他甚至可能為了自衛而使出最後的手段——開咬。

過去的 25 年間，我每年訓練的狗兒數量落在 700 到 120,000 隻之間。我並未替這項資料保留精確的數據，但是我所經手的狗兒當中有一個顯著的共通點，也就是至少 1/3 的狗兒都飽受壓力之苦，另外的 1/3 則是經歷恐懼，餘下的則是有各式各樣的問題，從拉扯牽繩到攻擊行為都有。

在處理這些問題的時候，不應只是治標，而要治本。如果想治本，那麼使用噴霧器及止吠項圈來處理狗兒行為就絕對不妥，比方說，想要處理過度吠叫，但是飼主卻完全不知道狗兒為何吠叫，又或是哪一種吠叫。我們需要處理的是原因，而不是症狀。

請觀察自家的狗兒，找出狗兒為什麼感到壓力、害怕或生氣。透過檢視自身，並檢驗你提供給狗兒的環境，可以學到很多事情。有時候請別人幫忙觀察也會有助益，因為我們通常對貼身的事務會有盲點。

什麼樣的情況會為狗兒帶來壓力

- 來自人或是其他狗兒的直接威脅
- 狗兒身旁出現暴力、怒氣，或是攻擊性行為
- 拉扯牽繩，牽繩太緊
- 訓練過程及日常生活當中做出過多要求
- 過量的散步及活動
- 過少的散步及活動
- 飢餓，口渴
- 內急的時候無法去上廁所
- 太冷或太熱
- 疼痛與疾病
- 環境過度嘈雜
- 寂寞
- 衝擊事件
- 玩太多追球、枝棍的遊戲，或是和其他狗玩過頭
- 驟然發生的變化，包括經常更換地點

如何看出狗兒有壓力

- 狗狗焦躁不安，無法放心
- 對某些事情反應過度（例如門鈴響起）
- 使用安定訊號
- 搔抓
- 舔自己、咬自己、咬東西
- 吠叫、嚎叫、哀鳴
- 腹瀉
- 口臭以及身上發出難聞氣味
- 肌肉緊繃——突然出現皮屑
- 甩動身體
- 眼睛變色
- 追逐自己的尾巴
- 毛髮乾硬
- 看起來不健康
- 急喘
- 無法集中注意力
- 發抖
- 胃口不佳
- 排尿頻率比平常高
- 過敏及其他皮膚問題
- 變得專注於特定事物（例如閃光燈或蒼蠅）
- 看起來很緊張
- 攻擊性表現
- 出現替代行為——做些顧左右而言他的事情

我們可以做些什麼來降低狗兒的壓力程度呢？

做法沒有標準配方，一切都取決於壓力的成因，也可能需要考慮其他特定因素。但是仍有幾個基本的建議可供參考：

參考建議

- 改變狗兒的環境
- 改變作息
- 不使用懲罰、帶怒氣，以及嚴厲的教導方式，禁止拉扯牽繩
- 訓練自己提升對安定訊號的應用能力
- 確保狗兒的日常需求都受到照顧，讓他們能經常出門，永遠不會挨餓受渴
- 試著找出狗兒所需的散步量及活動量，並視情況調整
- 盡可能讓狗兒成為群體中的一員，別自己坐在客廳放鬆，卻把狗兒隔在了走廊。當你待在室內的時候，別讓狗兒站在屋外，狗兒是群居動物，強烈需要群體的歸屬感

恐懼會加劇狗兒的壓力程度，壓力會啟動防禦機制，造成狗兒的恐懼更甚。為了繼續好好生活，我們必須打破這個惡性循環。好的開始，就是放棄使用所有暴力、懲罰，不再投擲憤怒、訴諸攻擊、發出嚴厲的聲音，並停止不斷控制及命令狗兒。請開始使用安定訊號及更溫和的方式，狗兒會因為你的新態度，變得更能理解、做出回應，感受也會因此好轉。

感受好轉是通向新生活的最佳開端。

使用「手勢訊號」

手勢是一種中性的、通用的語言以及非侵略性的手勢動作，你可以在不同的情況下對狗使用手勢訊號 (hand signal)。它具有中斷當下情境的效果，並且可以具有不同的含義：

- 我來負責，你不用負責；
- 你不需要擔心；
- 它 (另個狗、人或其他事物) 與你無關；
- 我回來了；
- 請稍等；
- 現在不要；
- 或其他情境下的含義等等 ...

我們可以使用溫和的肢體動作及手勢訊號讓狗兒降低當下所面臨的壓力事件；或與狗兒溝通，牠也會學習溫和的回應人，而無需劍拔弩張。

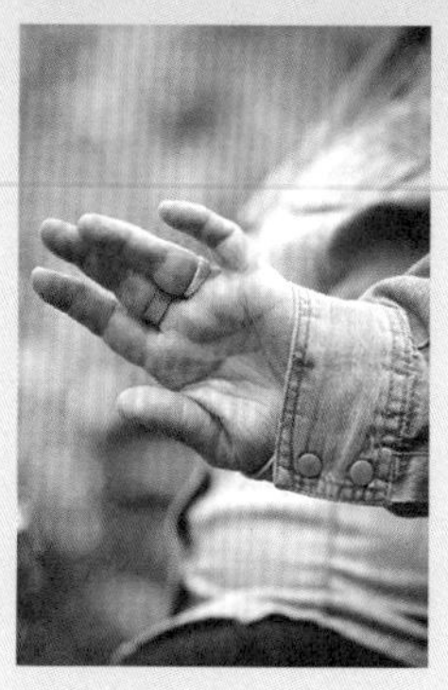

編輯附註：原文書僅附圖，特此加編資料說明以供完整閱讀
圖片來源：HULDRA FORLAG ANS
資料來源：DOG FIELD STUDY
www.dogfieldstudy.com/en/hand-signal

經典問題之一
「我如何教會狗兒安定訊號？」

狗兒在出生的時候就已經具備安定訊號的語言能力，狗兒不用人類來教授訊號，他們僅需要能夠運用訊號的機會。

幼犬從出生的那一刻起就開始使用訊號，一開始他們只能用嘴巴，所以打哈欠是他們使用的第一個訊號。隨著他們逐漸更能掌控自己的身體，其他訊號自然會跟著出現。

觀察狗兒聚在一塊兒的時候，你會看見他們使用你想像得到的各種訊號，如果狗兒沒有展現安定訊號，一定有他的原因，答案會落在他身處的環境中。其中一個原因可能是這隻狗兒長期承受龐大壓力，導致他無法使用語言。

人類也是如此，當我們身處極度高壓的狀態，沒辦法繼續維持禮貌。如果壓力就是原因，我們要做的事只有一件，就是找出並移除壓力的來源。

造成壓力的最常見原因包括：

* 玩丟球及枝棍
* 與飼主或其他狗兒玩過頭，尤其是無法拿捏該玩多久的幼犬
* 繁重又耗費心神的活動，例如敏捷、響片訓練等
* 重複且過度的服從要求
* 疾病、疼痛、搔抓、過敏
* 獨處時間過長
* 關在籠子或狗屋內，排除在群體之外
* 睡眠不足，通常太常獨處的時候會出現這種情形
* 從事過多、或是做了錯誤類型的活動，導致肌肉、背部以及關節疼痛
* 強迫狗兒處在他無法承受的情況
* 對某些事情持續感到焦慮
* 狗兒處於毫無選擇的情況

還有許多其他的原因，都會因狗而異，因為每隻狗兒過往背景和家庭關係都不一樣，加上個體間本就大不相同。

即便狗兒沒有慢性壓力，還是有可能因為經歷了多種特殊情況，使他處於高度焦慮的狀態，最終無法運用天生的禮儀行事。在這樣的情況下，我們必須將狗兒從壓力中釋放出來：

* 拉長他與某事物的距離
* 以某種方式來保護狗兒
* 帶他接近其他人狗時請繞弧線
* 不玩會令他過度興奮的遊戲
* 請勿再以憤怒的情緒及攻擊行為對待狗兒
* 透過走向兩者之間來介入，這樣一來你就能擔負起狗兒原以為得要自己負責處理的事情，效果立現

讓我舉個例子來向大家說明：

你與狗兒一起出門，也讓他與其他狗狗一起奔跑玩耍了好一段時間，壓力程度顯然會很高，你幫狗兒扣上牽繩，接著準備回家，路上有人朝你們走來，狗兒通常不會有反應，但是因為當下壓力程度很高，他就對著這個人又叫又跳。

這是在狗兒玩過頭之後很普遍且正常的反應。

如果過頭的情事偶爾發生倒是無妨，只要不是頻繁發生就好，而且你已知道狗兒在過度興奮之後可能會出現的過度反應。請準備好保護他，給他更多的空間，如果有人朝你們走來，請走弧線繞過對方。到家後請不要把狗兒拴在屋外，因為當有人經過的時候，他可能會過度反應。

接下來至少 1 天，最好是可以有 2 天能讓他享有安靜平和的日子，讓壓力自行消退，一切很快就會恢復正常。

無論面臨的是慢性或是突發的壓力，狗兒可能會反應過度，做出不禮貌的回應，你可以藉由給他更多的空間來協助他處理。請不要用零食和讚美來稱讚他的好行為，因為一點用都沒有。如果在這類情況發生的時候獎勵狗兒，其實已經太遲了，他的大腦早已處於反應模式，你獎勵到的會是他的過度反應。你無法扭轉狗兒的反應，已經來不及了。當下你能做的，若是無法給予他更多空間，最好的策略便是站定不動，什麼都不要做，冷靜地握著牽繩，千萬別把狗兒硬拽過來你這邊。

與狗兒說話或是給他零食都只會讓他從當下的情境分心，其實他什麼都沒學到。請勿讓他分心！會讓他分心的事情還包括了用高亢的聲音說話、撫摸、要求狗兒看著你而不是看著其他狗、要求他好好走路、坐下、等待，還有一堆大家會做的事。可能你會因此而覺得能夠獲得掌控，在某程度上的確是如此，可惜狗兒無法從中獲得任何有價值的學習，反而失去了意義。

如果你想要成為一位優秀的訓練師或是飼主，假使你希望狗兒在這些情況下有所學習，你就要教導自己保持安靜，不要做任何事情來分散狗兒的注意力。

換句話說，你無法教狗兒使用安定訊號，但是在遇到不易處理的情況時，你可以給予他足夠的時間及空間來應用他所熟知的安定訊號。學習過程當中不要讓他分心，也不去打擾，能讓你快速獲得結果。

經典問題之二
「是否有針對安定訊號的研究？」

大家常問我安定訊號是否有大量相關研究，這個問題讓我有點傷心又有些生氣。

難道所有的事情都必須要靠實驗室的研究來證明嗎？研究本身有明確且廣泛的限制，許多事物的確可以藉由有用的研究，把程度提升至涉及數據、圖表及絕對值的系統。但是安定訊號與感受息息相關，試問誰能分類感受呢？

安定訊號一直是許多獨立研究的主題，我曾經看過或是聽過的研究當中，都在在顯示了大家對於安定訊號的核心概念為何，依舊高度缺乏理解。沒人能夠靠「絕對值」(absolute values) 來對其他人狗的感覺做出排序，妄想藉此就能徹底了解他們。

要了解對方，只能透過觀察、傾聽他們所說的話語及感受，用同理的力量來理解。想藉由實驗來了解對方，刻意將他置於測試的情境中是不道德的。拿活生生的人或狗做實驗，想看看他究竟能有多害怕、多困惑或憤怒，這在道德上都讓人無法接受，也不應該這麼做。

通常這對研究人員來說太困難，因為他們大多都不擅長觀察。

我不是研究人員，我肯定是名觀察者，我多數的方法與結果都是來自於觀察。截至目前所獲得的結果都帶來深遠的影響，也大大幫助我們理解狗兒介意的是什麼，以及他們在各種情境下的反應。這些結果我該用何種圖表來說明呢？一切都難以用數字來表達，無論現在或是未來都是如此。

我推薦大家去閱讀動物行為學家馬克·貝考夫 (Marc Bekoff) 所撰寫的動物情感生活相關之文章及書籍。他認為要盡力觀察，並且去了解動物在特定情境下的感受是很重要的事，他是少數幾位提倡這麼做的人。

當大家問我，他們家的狗兒現在有什麼感覺，我的第一個反應是建議他們先去問問自己的狗狗。但是我明白，大家必須得先知道要觀察哪些事才能了解狗兒的感受，這也是為什麼傳授觀察的藝術很重要，大家就能懂得要去觀察哪些跡象以及訊號，理解才得以就此展開。

研究人員、還有我們這些根據自身對狗兒的了解而繼續觀察及前進的人，是朝著兩個不同的方向做事，雙方的合作是有可能的，我自己也經常運用從不同領域的研究人員身上所學到的東西。透過研讀最新的研究，我學到了許多關於大腦、骨骼、肌肉、感官，以及各式領域的知識。這對我訓練以及協助狗兒的工作有莫大幫助，我總是敦促著其他訓練師也要試著從這些重要的資源中學習。

不同領域的研究對於彼此所知甚少，著實令人有些擔憂，大腦專家對於骨骼與關節的了解不多，而身體方面的專家通常也不怎麼了解大腦。當然，現在是時候採取行動了，因為狗兒是有機的集合體，包含了上述所有部分，所以對各部分都有基礎的了解是很重要的。然而在狗兒的情感生活以及情緒反應這兩塊領域，有些人已經居於領先，研究人員在這方面還得加緊腳步。

沒錯，已經出現許多關於安定訊號的試驗，但是多數都是為了想要證明訊號並不存在。這告訴我們，面對一個受人類主宰、與人類生活如此密切的生命，我們對他的相關知識卻極度貧乏，了解也少得可憐，這讓我很難過。

不過倒是有個例外，我推薦一項由我以前的學生艾格妮絲．維利達洛 (Agnes Vælidalo) 所做的研究，她在狗兒身上安裝了心率監測器，並記錄在各式日常情況下所獲得的結果。艾格妮絲絕對不會為了要看到狗兒在恐懼下會有什麼反應，而去模擬一個會讓狗狗感到害怕的情境，我誠心希望沒有人會這麼做！從她拍攝的影片以及監測結果當中，我們學到許多事情，例如狗兒介意哪些事情，他們出現反應的速度，還有我們可以如何提供協助。最近克莉絲汀．布津斯基 (Cristina Budzinski) 以及奧雷連．布津斯基 (Aurelien Budzinski) 夫婦接續維利達洛的影片，開創了非常有意思的狗兒脈搏測量。他們拍攝了許多在不同情境下的狗兒的情況，脈搏的測量是狗兒內在情緒反應的最佳證明。

我非常樂見這類的研究出現，期待未來還會有更多。

經典問題之三

「可以教狗兒聽從指令做出安定訊號嗎？」

不可以，這絕不是好主意。

許多書籍及文章建議大家教狗兒表演才藝，對某些人來說，似乎最要緊的就是擁有一隻可供炫耀的狗兒，雖然這想法有些令人費解。所以是為了要展現狗兒在訓練時有多聰明嗎？還是飼主認為這些事對狗兒來說很有趣的呢？我真的不知道，畢竟沒人會樂於向人炫耀自己很懂得聽命行事。孩子超討厭父母這麼做——「快點讓大家看看你鋼琴彈得有多好啊」，或是「來表演一下你剛才學會的轉圈」。想想看孩子對於這種讓他們反感的事情會有什麼反應，也許有少數人喜歡這麼做，但大多數的人並不喜歡，狗兒也是如此，很少會有狗兒覺得這事很有趣。

教狗兒那些「僅會」對身體、牙齒及壓力程度有害的才藝是一回事，更糟糕的是那些教狗兒聽從指令表演安定訊號的訓練師，簡直太可怕了。教狗兒把安定訊號當才藝來表演，你有可能在狗兒需要使用訊號的情況下剝奪了他自身的語言；換句話說，這隻狗兒在社交場合當中會失去他最重要的溝通方式。我太常看到這樣的後果，狗兒完全無法以正確的方式與其他狗狗溝通。狗兒聽從「舔舌」的指令，根據狗兒對安定訊號正確使用時機的判斷，他在一個完全不是自然會出現舔舌的情境下使用了該訊號。

難道你會為了追求某個目的，而去教孩子聽到指令就開始哭嗎？或是聽從指令去表達任何一種情感？如此一來溝通就變得虛假，也因此造成危險。狗兒會覺得自己遭到誤解，最後還落得陷入衝突，因為他無法如實表現出真正的反應。他聽命行事，但這些行為都並未反映真實的感受。我曾目睹狗兒因為這樣，變得完全無法社交，愈發沮喪、絕望，因為他們沒辦法用自己認為合適的方式做出回應。

我絕對不會教狗兒聽從指令來使用他自身的語言，若因此破壞了他們自然的溝通方式，實在欺狗太甚。狗兒的語言已經發展四千萬年到六千萬年之久，這是深植於他們身體裡的生存機制，我們無權只是為了娛樂自己就出手侵擾，狗兒不是玩具！這麼做一點都不好玩。如果我們干擾並阻止他們成為擁有自己語言的自然動物，會徹底造成危險與悲劇。

請勿教狗兒聽指令執行安定訊號，也不要因為想炫耀他的才藝而這麼做。讓狗兒以自然的方式使用自己的語言，唯有如此，狗兒才會表達友好且樂於社交，我們必須知道狗兒何時真的在對某種情況做出反應，他可能正需要我們的協助。狗兒必須要有辦法讓我們知道他想要脫離困境，或者要能夠表達友善之意，請別奪走狗兒唯一能與你以及其他狗兒溝通的方式。

要求狗兒做出無法反應內在真實感受的行為，他會感到挫敗與不安。這個世界早已混亂不堪，人類自己也善於說謊與欺騙，狗兒有著不會撒謊的天性，我們也不應該教他們這麼做。

經典問題之四

「我應該如何回應我家狗狗的安定訊號呢？」

這個問題常在我的電子信箱、研討會以及課程當中出現，我的回答會是：「要視當下狀況而定。」

範例一：

如果你的行為不禮貌，也就是直直朝狗兒走去、在他頭上俯身前傾，或是打招呼時觸摸他，狗兒會給出一個或數個安定訊號來回應，讓你知道你的舉止不佳，造成他的不舒服。

你立即做出回應，調整為更加合宜的舉止，好比說在接近狗兒的時候繞個弧線，而非直線前進；在狗兒身旁的時候站直或是蹲下，而不在他頭上俯身；打招呼的時候把手收回來，而非伸手去摸；或是去改變任何一個可能帶有錯誤的行為。

可以確定的是，絕對不能對狗兒回以相同的安定訊號，然後還繼續對他做出沒禮貌或是具威脅性的行為。這麼做會造成困惑，充其量也只是單純模仿狗兒在做的事情，不具任何意義。

想像一下，你正在和某人交談，但對方回應你的方式是重複你剛才對他說過的每句話，有些人遇到這樣的情況會直接調頭就走，有些人可能會認為對方的行為是在訕笑、模仿，或刻意挖苦，全都是不愉快的感受。狗兒看見的也只是你在模仿他的動作，毫無意義，請別這麼做！

範例二：

有隻狗兒在感到焦慮、害怕，準備進入防禦模式的時候做出安定訊號，當你模仿他所做出的訊號，卻不幫他脫離可怕困境的話，他害怕的程度也不會因此減輕。這可以從幾個面向來解釋，在你模仿的同時，狗兒可能會認為你也同樣感到畏懼，結果他變得更加害怕；或是他會感到沮喪，完全不明白到底發生了什麼事，反而加深恐懼。他可能會對你喪失信心，這是很嚴重的事情。

與其模仿狗兒的安定訊號，製造衝突與困惑，不如扛起責任，把狗兒從他需要擔憂和戒備的所在給帶走，請停止再做出讓狗兒不愉快的動作，移除讓他不快的事物，或是用其他方式肩負起責任，例如適時介入兩者之間，這是身為飼主的職責。

如果你堅持要對狗兒回以相同的安定訊號，狗兒可能會因此停止使用他傑出的訊號，因為你的行為等同在告訴他，他所做的訊號毫無用處，沒人看懂他在說什麼，這會是相當嚴重的情況，最終你的狗兒可能無法與其他人狗溝通，這也是現今我們在狗兒身上遇到最大的問題。不擅社交的狗兒是我們最常需要協助的對象，他們替飼主製造了最多的問題。就更別說那些因為上述作法，溝通權力慘遭剝奪的狗兒會有多麼地困擾。

經典問題之五

「壓力訊號與安定訊號有何不同？」

這不是一個容易回答的問題。

安定訊號是狗兒溝通系統的一部分，溝通的定義是你試圖向某人傳達某事，試著與對方直接交談，開啟對話。當你想要社交的時候，你會用某種形式的語言來跟對方說話。

壓力是體內的一種生理反應，當壓力荷爾蒙超過一定程度，就會以某種生理形式表現出來。壓力荷爾蒙使肌肉充滿力量，會以身體活動的形式表現，例如移動、發出聲音、做出一個或數個安定訊號。狗兒可能會來回奔跑、吠叫、搔抓、甩動身體，或是有其他不安的表現。因此我們需要先了解整體情況，才能判定狗兒是想要利用安定訊號來溝通，還是因為他的壓力過高而導致活動程度增加。

要分辨並不困難，大家要考量的是狗兒整體的情況，從這個角度來評估他的反應。

不管怎麼說，我們無法永遠得知確切的情況為何，就像每次與他人的社交接觸經驗一樣，即便大家可以用話語來為自己解釋更多細節，更能闡述當下的情況，我們還是常會遇到難以了解他人想法、信念及感受的情況。

即便你認為狗兒的聰明不比人類，也千萬不能輕忽狗兒的感受與反應。狗兒大腦的構造與人類相同，一樣有感知中心，代表他們也會經歷相同的情緒。

通常最簡單且最佳的解決方法，是試著設身處地去體會狗兒的感受，想想如果換作是你，處於同樣的情境時會有什麼感覺？這麼做可能得以幫助你更加了解狗兒的反應。動物行為學家馬克．貝考夫運用這個技巧來研究並觀察野生動物，碰上自家的狗兒、別人的狗狗，或是其他寵物的時候，你也能這麼做，將心比心能讓你更深刻地體會狗兒當下的感受。

安定訊號是狗兒溝通系統的一部分

溝通的定義是

試圖向某人傳達某事

試著與對方直接交談，開啟對話

你的選擇

學習書中知識固然重要，但更要緊的是我希望你能走出去開始觀察。許多有經驗的人跟我說，他們因此更了解自家狗兒，也能幫上狗兒更多忙。他們與狗兒建立了更好的關係，而且發現常能看到狗兒為了避免衝突所使用的各種方式，著實有趣又令人振奮。我衷心希望大家自己開始觀察，你會更加了解自家狗狗，在過程中更貼近狗兒與飼主之間可能存在的完美互動。

截至目前為止，人狗之間的互動多是單向的，也就是我們下令，狗兒聽命。這對於想要與自家狗兒建立關係的人來說，是遠遠不夠的，他們想要的是真實的互動。了解他們的語言可能還不見得足夠，但至少已經朝著正確的方向邁進一大步。請記得，每次有狗兒在場時，你都有選擇，是要造成威脅，還是保持平靜。絕對不行，也沒有任何藉口可以去威脅及恫嚇狗兒。狗兒是生存的勇者，當他們遭受威脅的時候會保護自己，有些狗兒會逃跑，有些則會反擊，無論他的反應為何，事實都直指一處，就是你犯了錯，而你本可以避免這樣的錯。

只要對狗兒表達你的友善，就可以馬上成為他的朋友，至少他在你的陪伴下能感到放鬆。當你停止威脅他，選擇平靜對待的那天開始，就能夠改變你與他之間關係的本質。選擇權在你手中，無論遇到哪一隻狗兒、什麼情況或事件，面對你眼前的狗兒，你始終能選擇要用什麼樣的行為對待他。行為可能是小小的變化，例如視線撇向別處，而不直盯著他看，身體微微側對而不是直接正對，繞個弧線而不要直線靠近，或是放慢走路速度。在這本書裡頭讀到的內容，都可以用來對狗兒訴說你的善意。

實用要點

01

要訓練狗兒趴下或坐下的時候，留心不要朝他俯身。相反地，請蹲下來，若需要的話請側身以對。請勿對朝著你走來的狗兒俯身前傾，多數情況下，他會從你身旁走過去，不會走向你。請站直，並以側身面對狗兒，這樣一來他向你走來的機會要大得多。

02

請勿拉扯牽繩，不僅會引起疼痛，還會造成身體的傷害，狗兒也會試圖想要遠離你、避開你，或是走得更慢。鬆鬆地握著牽繩，發出彈舌音或是拍拍你的大腿，改變方向，在狗兒跟上你的時候讚美他。切勿擁抱狗兒或是緊抓著他，狗兒雖然能學會接受，但仍需要一段學習的歷程。

有許多可以學習各種課題的方法，總有一些方法帶來的威脅性較小。請記得，你永遠都有選擇。

我祝福各位在探索狗兒語言的時候開心愉快，大家會開始親眼見證狗兒各種避免衝突的方法，知道他們有多善於選擇訊號，懂得幫助彼此，以及採取反應的速度有多快。狗兒事實上是溝通及合作的最佳代言人，我們還有許多事情需要向他們學習。

當我親眼看見他們是如何利用安定訊號來溝通，徹底改變了我的人生。後來在發現原來自己還能加以運用的時候，更加顛覆想像。我並不孤單，幾乎每一天，世界各地的飼主都在告訴我還有誰經歷了跟我一樣的事情。

歡迎大家來到狗兒的語言世界，期待大家能跟我一樣享受過程，我也還持續地徜徉其中，我們的狗兒值得獲得理解！

問題解決

狗兒是否遭遇困難，無法以禮貌的方式和其他人狗溝通呢？

所有的狗兒天生都有社交技能，正常情況下，成長過程當中會透過接觸其他狗兒來發展技巧。如若他們的成長過程與生活環境皆扼殺了應有的社交能力，只要充分給予他們前去社交的機會，很快便能夠恢復技能。

我們必須看問題的表現方式來選擇策略：

要點一

確認狗兒不會處在他覺得難以接受的環境，這僅需要維持一小段時間，通常是 4 週到 6 週，偶爾會長一些。

這段時間需要：

- 與其他狗兒保持必要的距離。
- 切勿直直走向另一隻狗兒，而是繞一個夠大的弧線，讓狗兒感到安全。
- 這段期間開車帶狗兒去其他更安靜的地方。
- 預先計畫散步行程，選擇容易避開其他人狗的地方。

會有一段時間散步行程可能有所不同，但這是好事。要先降低壓力程度，狗兒的頭腦才能輕鬆自在，足以平靜地迎接學習，這也是為什麼第一點如此關鍵。

要點二

開啟逐漸習慣以及縮短距離的過程。

我們通常會先去找另一隻可以一起練習平行散步的狗兒，彼此之間要**保持舒適的距離**。要找到適合觀察練習的場地，兩隻狗兒朝著同一個方向前進，彼此的距離可能落在 5 公尺到 200 公尺之間，距離需要多遠，取決於問題的嚴重程度。

平行散步不帶任何挑釁意味，狗兒有足夠的時間從情境中學習，也能迅速冷靜下來。我們常會請一位或多位小幫手當屏障，走在兩隻狗兒中間，這麼做非常有效。

之後可以開始與其他狗兒會面，從大範圍的弧線開始走，再慢慢縮小，到最後繞行的弧線可以變得蠻小，但我們依舊不會筆直地朝向另一隻狗兒走去，永遠不該對狗兒這麼做。

你也可以找幾個地點，每次和狗兒一起安靜地坐上幾分鐘，從遠處觀察其他經過的狗兒。如果你的狗兒有所反應，請拉遠距離，代表你也要一起移動。

這些都是簡單卻極度有效的訓練方法，我已長年用在上千隻的狗兒身上，成效總是振奮人心。狗兒很快就恢復了他們的社交技能，變得非常友善且樂於社交。

最重要的是，請務必記得，懂得社交與聽令服從是兩回事。服從僅能用於訓練身體技能，聽從指令做出社交動作，與社交能力本身可說是毫無關聯，狗兒不會因為聽指令做出坐下、趴下、看向飼主，或是腳側隨行，就變得更善交際，他無法從服從當中學到任何事情。我們所能做的，就是做好安排，讓狗兒有機會重新發展社交技能。提供他足夠的空間及思考的時間，加上一個沒有干擾的平靜環境。

所有的狗兒都能恢復社交技能和語言，無論是何年齡、品種、性別或外貌，他們都是狗狗，所有的狗兒天性都善於社交，我們該做的，就是讓他們充分發展社交能力。

參考資料

Bekoff, Marc. *Dyrenes følelsesliv*. Huldra Forlag, 2010.

Cristler, Lois. *Arctic Wild*. New York. Harper and Brothers, 1957.

Fox, Michael. *The soul of the wolf*. Florida. Krieger, 1987.

Hallgren, *Anders. Lexikon i hundespråk*. Køping, Sverige. Jycke-Tryck AB, 1986.

Klinghammer, Erich. *Applied Ethology: Some basic principles of ethology and psychology*. Indiana, North American Wild Life Foundation, 1992.

Lorenz, Konrad. *Man meets dog*. London, Methuen, 1954.

Mech, L. David. *The Wolf; the ecology and behaviour of an endangered species*. Minnesota, University of Minnesota Press, 1981.

作　者　吐蕊 · 魯格斯 (Turid Rugaas)
發行人　許朝訓
譯　者　李喬萌
總監製　許朝訓
編　輯　范姜小芳
美　術　范姜小芳
初　版　2022 年 9 月
出　版　正向思維藝術有限公司
台北市中正區北平東路 30-1 號 4 樓
(02)29081805
www.p-thinking.com.tw

犬犬微語言：認識犬類安定訊號
吐蕊·魯格斯 (Turid Rugaas) 著；李喬萌 譯
-- 初版 . -- 臺北市：正向思維藝術有限公司，2022.09
面；　公分
譯自：PÅ TALEFOT MED HUNDEN：25 ÅR MED DE DEMPENDE SIGNALENE
ISBN　978-986-94007-5-6(平裝)　　1. 犬訓練　2. 動物行為
437.354　　111013942